人生不必太计较

别再为小事抓狂

肯低头，就永远不会撞门；肯让步，就永远不会退步

李希贤 编著

文匯出版社

图书在版编目（CIP）数据

人生不必太计较 / 李希贤编著.-上海：文汇出版社，
2017.12
ISBN 978-7-5496-1796-8

Ⅰ.①人… Ⅱ.①李… Ⅲ.①人生哲学－通俗读物
Ⅳ.①B821-49

中国版本图书馆CIP数据核字（2016）第157737号

人生不必太计较

编　　著 /	李希贤
责任编辑 /	甘　棠
特约编辑 /	東　枋
装帧设计 /	留留Design
出 版 人 /	桂国强
选题策划 /	蔡建光
出版发行 /	文匯出版社 上海市威海路755号 （邮政编码200041）
经　　销 /	全国新华书店
印刷装订 /	北京柯蓝博泰印务有限公司
版　　次 /	2017年12月第1版
印　　次 /	2017年12月第1次印刷
开　　本 /	710×1000　1/16　字数 / 180千　印张 / 16
书　　号 /	ISBN 978-7-5496-1796-8
定　　价 /	36.00元

CHAPTER
序

序

  每天用点琐碎的时间来阅读，久了，就会集腋成裘。在我们的有限生涯中，认知是无限的，唯有阅读才能最快地增长你的智慧，让你充满自信，神采奕奕……

  我们不知一粒沙从何处刮来，只知道它是一把神奇又无情的刻刀，经过几万年，在天地间创造出的奇迹，巨石成土，历劫着繁华之都衰败成荒凉的废墟，又目睹了荒漠变成城市和园林、雪亮的金属爬满锈迹、青年的额头刻下一道道皱纹……沙粒虽小，却在历史的洪流中见证了一切！同样，我们一篇小小的故事，也如浩渺人文长卷里的一粒沙般，不仅仅是见证，而是蕴含了人间最质朴的真理。如果你能在阅读这本短文集时多加思考，也许一则则小故事、小寓言就会变成金子般可贵。

  我们每天都在为生活变得美好而努力着，但有时你无力改变外在大环境，这时，你不妨在自己的心中营造一泓外人无法入侵的宁静之湖。如果你能在看似慌乱的社会中保持一颗平和的心，你将会过得比别人更幸福。

CHAPTER 序

心灵的宁静，源于智慧！多注意一些细微之物，让它们都变成我们生命中的智慧之泉！

在生活中，很多平凡的小事，往往给我们无限的缅怀，它的一点点光芒，一点点小启示，足以成为改变你思维、生活方向及生命质量的"触点"。

"别再为小事抓狂"系列，从古今中外卷帙浩繁的书籍报刊中，精选数帧小故事，每一辑都能为奔波在生活线上的人们提供些许省思：或是茶余饭后，或是睡前小读，或是舟马劳顿的间隙……只要随意翻开一页，读上几十秒，相信它给你带来的，不仅仅是莞尔一笑，更多的则是一种全新的开悟。

细细品读，让它变成一本丰润你的心灵、完善你的生活态度的启示录。

CHAPTER
目录

卷一　人生不必为小事较真

对大多数人而言，人生既平凡又平静，作为这大多数中的一员，你的人生很有可能也是如此的波澜不惊。但生活不会一直这样平静下去，你的生活会时不时地出现一些小插曲。一开始，你直把小插曲当成大灾难，总要为鸡毛蒜皮的小事而斤斤计较。后来，你明白这些小插曲不过是造物主给你制造的娱乐，你于是不再较真，而是心平气和地接受了这一切。

001

卷二　丢掉那颗易碎的玻璃心

比起小痛小痒，人生的屈辱其实更让你介怀。你很在乎自己的面子，既不容许他人嘲笑自己，更无法接受自己的卑微。有时他人的一句空洞的话语就能让你耿耿于怀，一声苍白的笑声就能让你咬牙切齿。你总让自己活在他人的目光之下，忘了自己曾是一个洒脱之人。其实你心里明白，他人的言行并非是恶意的，也并非是针对你自己，这一切不过是你的玻璃心在作怪而已。

035

卷三　别让愤怒掌控你的人生

不管他人的过错是有心还是无心，当你无法释怀时，怒火便逐渐在你心中点燃，并瞬间爆发。愤怒是一种极具破坏力的情绪，不管你当时有多大道理生气，一旦你的心灵被它控制都难免要做出过激的错误之举。然而，你体内的这颗"定时炸弹"永远也无法拆除，你能做的只能是尽量减少它爆发的次数，不要让它掌控你的人生。

069

卷四　总有理由原谅他人

当快如闪电的愤怒爆发了之后，你以为自己的内心从此就可以恢复平静，但当你静下心来之后便发现愤怒已经炸开了仇恨。仇恨的可怕之处在于，它比愤怒更持久，当它占据了你的心灵时，你的世界便狭小得连自己都容不进去，只能整天活在痛苦之中。为了消除仇恨，你曾无助地挥舞刀剑，直到百转千回之后才发现，只有放下屠刀拿起宽容才能救赎自己的心灵。

099

卷五　放空两手才能拿得更多

你心中的那些看不见的屈辱、愤怒，甚至仇恨都被你放下了，这世间还有什么是你不能放下的呢？是的，你此时的手里还实实在在地紧握着一些东西，爱情、容貌、财富……你一直靠着它们活到了今天。你想起自己还有很长的路要走，这些东西已经在羁绊着你了。为了轻装上路，你决定要把它们放下。就在你放下它们的那一刻起，你意外地发现自己竟然拥有了更多。

137

卷六　贪婪是张喂不饱的口

你像一个精明的投资者，开始放手了一些东西，并逐渐拥有了一笔可观的财富。这时，你心底响起了一个不可一世的声音："我要拥有整个世界！"为了实现这个目标，你不知疲倦地搜集财富，但不管得到了多少，你的内心依然得不到满足。后来你终于明白了，原来自己的内心早已经被贪婪侵蚀了，而那是一张永远也喂不饱的口。你如梦初醒，于是赶紧悬崖勒马。

173

卷七　缺陷造就了完美的你

你明白人生的最大敌人就是自己，所以这一路走来你都在不停地追求完美，不仅战胜了屈辱、愤怒和仇恨，甚至连贪婪也被你踩在了脚下。然而，就在某个寂静的深夜，你细细地审视了一遍自己，发现自己从头到脚都依然丑陋不堪、千疮百孔——原来自己根本就无法完美！尽管如此，你还是笑了，一脸幸福地告诉自己："今天的我，不正是缺陷所造就的吗？"

215

CHAPTER ONE

卷一
人生不必为小事较真

CHAPTER ONE | 人生不必太计较
别再为小事抓狂

卷一
人生不必为小事较真

对大多数人而言，人生既平凡又平静，作为这大多数中的一员，你的人生很有可能也是如此的波澜不惊。但生活不会一直这样平静下去，会时不时地出现一些小插曲。一开始，你会把小插曲当成大灾难，总要为鸡毛蒜皮的小事而斤斤计较。后来，你明白这些小插曲不过是造物主给你制造的娱乐，你于是不再较真，而是心平气和地接受了这一切。

01 有些事情较不得真

不是每个人都能看见真理,所以你不必为他人的谬误而较真。

孔子东游列国时,走着走着感觉腹中饥饿,就对弟子颜回说:"前面有一家饭馆,你去讨点吃的来。"

颜回领命到了饭馆,向老板说明了来意。

"哦,孔子的弟子?"老板说,"要饭吃可以,但不能白给你们。"

"那你有什么要求?"颜回忙问。

"我写一字,你若识得,我就请你们吃饭,否则你就滚吧。"

"这有何难?"颜回笑着道,"莫说一字,就是一篇文章我也给你读出来。"

"先别夸口,认了字再说。"老板说罢拿笔写了一个"真"字。

"我还以为是什么字,"颜回哈哈大笑,"此字我五岁起就认得,不就是'认真'的'真'嘛!"

"哼,"老板冷笑一声,"无知之徒竟敢冒充孔夫子门生,赶紧滚回去吧！"

竟然被一个粗野的饭馆老板如此叱呵，颜回又羞又气，只好回来请教孔子。

"既然如此，那我就亲自去会会他吧。"孔子说罢来到饭馆前，对老板说明来意。

"刚才有个年轻人冒充您的弟子，您说好笑不好笑？"老板笑道。

"不是冒充，那确实是我的弟子。"孔子也笑道。

"既然这样，您可识得这个字？"老板拿出了刚才写下的"真"字。

"此字念'直八'。"孔子答道。

"不愧是孔夫子，请进来用餐。"老板说着恭敬地把孔子请进饭馆里。

饭后，颜回大惑不解，他问孔子："老师，那明明是个'真'字，为何要念'直八'呢？"

"那确实是个'真'字，"孔子微微一笑，"但有时候事情就是认不得'真'啊！"

心灵人生

人生总有很多不如意，总会受到不公平的对待。这时，虽然可以理直气壮地为自己争回一口气，争回自己的面子，但这往往会引起冲突，导致不愉快。只要没有实际的利益损失，其实有很多事情都可不必太较真，这并非妥协和退让，而是大智若愚的表现。

02 别只顾着争对错

一切争论都像地震，你要做的就是避开，否则吃亏的永远是你自己。

宴席上，大家边吃边聊时，一位文质彬彬的先生引用了一句话，说是出自《圣经》。

"他明显错了，"卡尔想，"我知道正确的出处，一点疑问也没有！"为了表现自己的知识丰富，卡尔大声地纠正道："先生，你错了，你刚才引用的那句话不是出自《圣经》，而是莎士比亚的《哈姆雷特》的第五幕第二场。"

"什么？"那位先生立即反唇相讥，"小伙子，你学问还没学到家就不要在这里丢人现眼了，我刚引用的那句话毫无疑问出自《圣经》！"

卡尔的老朋友格蒙研究莎士比亚的著作已经有很多年了，卡尔和那位先生都同意向格蒙请教。格蒙对卡尔使了个眼色，然后转过头微笑着对那位先生说："先生，您说得没错，《圣经》里确实有这句话。"

听到格蒙这么说，那位先生得意地笑了，然后继续和宴席的朋友们吃饭聊天。

宴席散了之后，卡尔和格蒙走在回家的路上。卡尔对格蒙说："你明明知道我说的没错，那句话出自莎士比亚，为什么要当着那么多人的面否定我呢？"

"你说得很对,那句话确实出自莎士比亚的著作,"格蒙回答说,"可是亲爱的卡尔,我们是宴会上的客人,为什么一定要证明对方错了呢?那位先生是有头有脸的上流人物,你没必要落他面子。"

"那我的面子难道就可以丢在一边了吗?"卡尔有点气愤。

"只有你给别人面子,别人才会给你面子。"格蒙说,"卡尔,你想想,如果当时你一定要争个对错,那位先生以及在座的他的朋友们,日后一定不会让你好过,至少大家都知道你是一个爱出风头的人,这对你毫无好处。"

心灵人生

天底下只有一种方法能在争论中获胜,那就是避免争论。争论鲜有对错,大多数的争论都是永无止境、难分对错的。面子可以通过自己的努力争取而来,但这并不容易,因为我们的面子常常是别人给的。所谓"你敬我一尺,我敬你一丈",你给了别人台阶下,别人就会给你大道走。

03 放得下,不计较

世界上没有永恒不变的东西,我们此刻关心和计较的东西,或许彼时就像一只小鸟一样飞走了。

有一天,一位禅师在一棵树下给弟子们说禅。

禅师说："尘世间之所以有诸多愁苦，是因为人们放不下。被他人责骂了，心里放不下，所以有怨恨，所以愁苦；心爱的东西没了，心里放不下，所以牵肠挂肚，所以愁苦。如果人人都能做到不计较，那么每个人都是佛。"

禅师声情并茂地讲着，这时，树枝上的一只小鸟忽然拉下了一滴粪便，刚好不偏不倚地落在禅师的头顶上。众弟子见此情景，都忍不住笑了起来。然而，禅师只是用手轻轻地把粪便拍落，继续若无其事地向弟子们讲解。

"小鸟的粪便落在我头上，我不去跟小鸟计较；你们见此情景都笑了起来，我不跟你们计较。"禅师微笑着说，"不管是小鸟的粪便，还是你们的嘲笑，我都放下了，所以我依然能从容地给你们继续说禅。"

听到师父以身说禅，弟子们都收起了笑脸，认真地点点头。

心灵人生

人之所以过得不开心，是因为过于敏感，喜欢斤斤计较。说到底，爱计较都是心胸狭窄的表现。要让自己变得心胸宽广，就要让自己学会放下，要知道我们拣起来的东西不一定都是好的。放下虽然并不容易，但相比于拣起，放下是最不需要花费气力的。

CHAPTER ONE | 人生不必太计较
别再为小事抓狂

04 生活不妨"凑合"着过

人生不必事事追求完美，只要是无关痛痒的小毛病，都可以随它去。

有个寺院要扩建殿堂，需要把一棵珍贵的银杏树移栽到别处去。方丈把这件差事交给了两个小和尚。

两个小和尚来到树前刚挖了一下土，其中一个小和尚对另一个说："师兄，我的铁锹木把儿坏了，我去修一修再回来挖。"师兄劝他挖完树再修，但话刚说完那小和尚便走远了。

为了修木把儿，小和尚便去找木匠借斧头。"真不巧，"木匠抱歉地说，"我的斧头昨天砍东西弄坏了。菜刀行吗？""菜刀怎么行，您真会开玩笑！"小和尚说，"这样吧，我去找铁匠帮你把斧头修一下。"

小和尚带着木匠的斧头，跑了好远一段距离去找铁匠。"你干嘛不来早点呢，我的木炭昨天刚烧完，现在打不了铁。"铁匠无奈地说。"那几时才能有木炭呢？"小和尚问。铁匠回答说："我也不知道，不过今天肯定是没有的了。""那我去找木炭吧！"小和尚说着又跑出去了。

小和尚来到山中找烧炭的人，可烧炭的人对他说："我已经很多天没烧木柴了，因为找不到牛车把木料运到这里来。""那你等着，我去找牛车！"小和尚说着又跑开了。

两天之后，寺院里的和尚们都不见小和尚，便四处寻找他。当找到小和尚时,他正匆忙地赶路,手里提着几包草药。

"你买药干嘛啊?"大家问他。

"给牛治病。"小和尚回答说。

"你怎么会跑去买药给牛治病呢?"

在大家的追问下,小和尚支支吾吾地说了半天才让大家明白是怎么一回事。

心灵人生

人生处处不完美,如果留心观察就会发现,现实的人生是千疮百孔的。人人都喜欢美的事物,或多或少都有完美主义倾向,见不得丑陋与残缺。完美倾向是人心中的一颗"疙瘩",如果你容不下心中这颗"疙瘩",那么你的人生必将会变得一团糟。

05 对尴尬一笑置之

对于让你尴尬的话语,你最好的抵御武器也是一句话,而它应该是幽默和机智的。

威廉·克林顿是美国第 42 任总统,于 2001 年卸任。在克林顿的执政下,美国经历了历史上和平时期持续最长的一次经济发展,他也因此成为美国最成功的总统之一。与克林顿有关的传闻很多,不过最让人津津乐道的是这样一件趣事。

有一次,克林顿到医院看望病人,一个小孩突然穿过人群来到他身边,静静地看着他,不说一句话。克林顿和小孩彼此沉默了几秒钟之后,克林顿首先开口问:"你有什么话要跟我说吗?"

"我想要你的签名!"小孩用洪亮的声音说。

克林顿被小孩的直接与可爱逗乐了,情不自禁地露出了微笑,拿出名片快速地写上了自己的名字。当克林顿正要把名片递给小孩时,小孩问:"我可以要四张吗?"

"为什么要这么多张呢?"克林顿脸上充满笑意,"一张不够用吗?"

"一张是留给我自己的,另外三张要拿去换迈克尔·乔丹的签名照。"小孩回答说。

克林顿的随从都挺尴尬,因为小孩的话明显是在说:克林顿总统不如乔丹受欢迎!

然而,克林顿并没有因此而表现得窘迫和不高兴,而是很快拿出另外三张名片都签上了自己的名字,同时微笑着说:"我有一个侄子,他也非常喜欢迈克尔·乔丹,改天我也要帮他去换一张迈克尔·乔丹的签名照!"

心灵人生

尴尬在我们的生活中无处不在,这些尴尬常常是由自己或他人的一些无心之过而造成的。那些时常引起无心之过的人,其内心大都是善良和

卷一　CHAPTER
人生不必为小事较真　ONE

单纯的，因为他们没有心机。对于这样的人，我们不应为他们的过失而造成的尴尬斤斤计较，而应不失幽默地一笑置之。

06 你可以选择不计较

与其为了小事计较而两败俱伤，还不如为了大义而一笑而过。

这是座落于街角的一家餐厅，很多人都喜欢来这里吃饭，不仅因为这里的菜不错，还因为这里的环境够清静。

又是一个宁静的中午，虽然夏天的炎热让室外的人们烦躁不已，但餐厅里的冷气让每一个顾客都觉得舒服，再加上这里本就是一个僻静之地，所以每个人都安静地吃着饭，小声地说着话。

突然，餐厅角落里传来了一位女士的尖叫声，坐在她对面的男士也很吃惊——刚才服务员给她端上来的汤里有一只死蟑螂！女士觉得非常恶心，怒气冲冲地把服务员叫来，坚持要找老板来谈谈。服务员无可奈何，但老板不在，只好跑进厨房把厨师叫了出来。

看到汤里的蟑螂，厨师惊慌不已，因为该餐厅对卫生抓得非常严。"对不起，为了补偿你们，这顿饭我请，并且另外再奉上好汤和点心。"厨师紧张地在围裙上搓着双手，满脸愧疚地恳求道，"请不要对我们的老板说，行吗？不然我会被解雇的！"

男士向女士使了个眼色，女士会意地点点头。

CHAPTER ONE | **人生不必太计较**
别再为小事抓狂

"不用了,"男士对厨师说,"不过,下次你要是看见蟑螂想爬进汤碗里,你可要先教会它游泳,不然就丢个救生圈给它。"

女士一听"扑哧"一声笑了起来,厨师也笑了,紧张的气氛一下子缓和了下来,餐厅也随即恢复了平静。

心灵人生 🔍

每个人都在最大限度地保护自身的利益,一旦利益受到了侵犯总会锱铢计较。捍卫自己的利益是无可厚非的,但如果为了鸡毛蒜皮的小利益而大打出手,就要考虑一下值不值得这样做。如果不计较自己的小利益能成全他人的大利益,那么这种不计较明显是值得的。

07 人生无需太多忧虑

对未知事物的不了解使人类产生了忧虑心情。消除这种心情的最好方法是告诉自己:既来之,则安之。

有这么一对兄弟,哥哥生性内向、多虑,弟弟则生性活泼、豁达。多年后,弟弟成了一名飞行员,实现了自己翱翔蓝天的梦想。

成了飞行员的弟弟按捺不住内心的激动,眉飞色舞地向哥哥炫耀:"我这段时间都在大草原上练习飞行,在蓝天上看草原,真是天苍苍野茫茫,壮阔极了。一旦我飞上了蓝天,就什么烦恼都没有了。"

"这有什么好高兴的？"哥哥一脸平静地说，"飞得再高也有掉下来的一天。"

"当然啦，飞行肯定是有一定的危险的，但是飞机上设备齐全，研究飞行安全的专家们都已经考虑到了各种可能的意外，而且我们会选择在好天气的时候进行训练。"弟弟笑着说，"所以，一般来说不会出现飞机坠落事故的。"

"飞机会不会发生事故又不是你说了算，万一那些安全设施失灵了怎么办？"哥哥满脸愁容。

"不会那么巧的，就算安全设施失灵了，还有各种应急措施呢！"弟弟好像是在安慰哥哥一样，"即使一切都失灵了，最后还有跳伞呢！"

"发生飞机坠落事故的时候，跳伞还不一定能及时打开，"哥哥说，"据我所知，这种事情并不少见。"

"你也太多虑了，"弟弟摆摆手说，"就算跳伞打不开，草原上有大把的干草垛，我也总能想办法落到干草垛上去吧！"

"不可能！你想想，由于惯性、气流、加速度等因素的影响，你怎么可能那么幸运地就落到干草垛上呢？再说，牧民们常常会用粪叉挑草，如果干草垛上恰好有这么一把粪叉，那不还是死路一条？"哥哥摇着头说。

"就算你说的这些都会发生，也不会这么不幸全部都让我赶上吧？"弟弟说了这句话，耸耸肩走开了。

> **心灵人生**
>
> 灾难每天都在发生,每天都会有人因为各种意外而身亡。实际上,每个人都有随时死去的可能,我们心里非常明白这一点。但是,我们并没有因为这种可能性的存在而惶惶不可终日,因为我们知道,不管未来发生什么,努力过好每一天就对了。

08 让善意扫除阴霾

不要拿别人的坏心情来惩罚自己,给别人一个微笑,就是给自己一副好心情。

在珠宝店的柜台前,一位女士正在认真地挑选珠宝。

女士肩膀上挎着一个精致的手袋,因为站得累了,便坐到柜台前的一张凳子上,取下肩膀上的手袋放在玻璃柜台上。这时,走来了一位年轻女孩,她站在女士旁边,女士下意识地把柜台上的手袋往自己的身边移了移,好让女孩方便挑选珠宝。

然而,女孩见女士做了这么一个动作,十分生气地瞪了她一下,好像受到了什么侮辱似的转身就离开了珠宝店。

女士莫名其妙,不知道自己哪里得罪了刚才那女孩。"或许我刚才移动手袋的那个动作,让她以为我把她当成小偷了吧!"女士忽然没了心情，便也离开珠宝店，出门开车回家。

抵达小区公共停车场时，她发现几乎没车位停车了，只好四下巡视了一遍，终于发现了一个车位。就在这时，旁边迅速开来另一辆车，抢在她之前把车开了进去停好了。

女士气得咬牙切齿，本想下车与该车主理论一番，但想想还是继续寻找车位。

这时，有辆车开走了，腾出了一个车位，但巧的是，她身后又有一辆车迅速地开来了。这下她可着急了，像是在警告似的按着喇叭。或许是因为过分着急，女士折腾了几下都没能把车停进去。

这时，从那辆车里走下来了一位男士，来到她的车旁敲了敲车窗："我来帮你吧？"

她想也好，便从车上下来。男士坐上车去迅速地把车停了进去。

"真是太谢谢你了！"女士有点尴尬地笑着对男士说。

"不客气。"男士也笑着说。

此时，女士的满腔不快被这位男士的善意之举一扫而光。

心灵人生

世界本来就是纯净透明的，之所以常常污秽不堪，是因为我们的心灵被蒙上了灰尘。生活中难免会遇到形形色色的人，有人给你微笑，有人给你怒容，你因此而高兴，也因此而悲伤。人与人之间的很多不快都是误会造成的，你没必要为此大发雷霆，而要让自己变得迟钝一点。

09 不必定分胜负

美在我眼里，也在你眼里；你说的美虽不是我眼里的美，但我也觉得那很美。

一日清晨，师兄弟两人跟着师父上山采药。山顶上云雾缭绕，远远望去，朦朦胧胧的一片，亦真亦幻，真是美极了。

"可惜了，如果眼前飘着的全是雾那就更美了！"师弟感叹道。

"为什么啊？"师兄问。

"如果全是雾的话，群山看上去就像穿上了一件薄薄的水衣，树木的叶子吸饱了露珠就会更加翠绿。"师弟答道。

"我倒觉得要全是云才更美呢！"师兄不同意师弟的看法。

"为什么呢？"师弟问。

"如果都是云的话，那我们此时就像是在天上，而我们就都是神仙。"师兄答道。

师兄弟两人为了云与雾争论起来，一时僵持不下，便去请教他们的师父。

师父听后微微一笑道："雾气弥漫，给万物带去水分，很美；云层飘渺，本是仙人的衣裳，但让我们凡人穿上了，也很美。"

"师父，您怎能这样说呢？"师兄弟两人不满意师父的这个回答，"如果云比较美,那雾就不美;如果雾比较美,那云就不美,您怎么能都说美呢?"

"美的东西就是美,难道一定要分高下吗?"师父反问道。

"是的!"师兄弟两人异口同声地说道。

"你们觉得美的东西就是美,如果非要把心中的美强加给别人,或许就成了丑了。"师父笑道,"别再为此事争论了,我们继续采药吧。"

心灵人生

同样的事物,如果从不同的角度去看就会得到不同的结果,真理往往不止一个。但我们常常会固执地把自己所了解的真理强加给别人,一定要让别人信服。然而巧的是,别人所执着的也是真理。于是,当我们试图把主观意志强加给他人时,即使是真理也有可能变成谬误。

10 给自己一颗宽广的心

真正的智慧不是伶牙俐齿,而是拥有一颗不计较的心。

哈罗德·威尔逊曾在英国历史上四次当选英国首相,是一位智慧型政治家。威尔逊的政治智慧体现在他长达十多年的首相任期中,也体现在他每一次大大小小的演说中。

有一次,威尔逊在一个聚集了数千人的广场上举行公开演说,突然从人群中向他扔来了一个鸡蛋，正好打中他的脸。警卫人员马上在人群中搜寻生事者，最后发现扔鸡蛋的原来是一个小孩。

威尔逊得知后，先是把小孩放走，随后又叫住了他，让助手当众记下小孩的名字、家庭电话和住址。听众们都不知道威尔逊为什么要这样做，以为他想以后再找这个小孩的晦气，于是现场有些骚动起来。

"我要在对方的错误中发现自己的责任。"威尔逊这时面对听众大声说道，"刚才这小孩用鸡蛋打我，这种行为虽然不对，但我作为一国首相，有责任为国家储备人才。不知道大家注意到没有，这小孩能在那么远的距离扔鸡蛋打中我，证明他有可能是一个难得的人才，所以我要将他的名字记下来，以便将来好好栽培他，或许能让他成为出色的棒球选手，为国家效力！"

威尔逊的这一番话不仅体现了他出色的演讲口才，也体现了他宽容大度的智慧。他用这样的幽默让在场的听众们都乐了起来，为接下来的演说做了一个近乎完美的铺垫。

心灵人生

成就大事业的人，他们的目光都会放得很长远，从来不会为一些鸡毛蒜皮的小事而纠结。拥有一张能说会道的嘴巴并不是真正的大智慧，那只能说明一个人思维敏捷而已。真正的大智慧是"海纳百川，有容乃大"，拥有宽广豁达的心胸才是成大事业者的共同标志。

11 得理且饶人

理直不一定要气壮，因为真正的道理都是悄无声息、润物细无声的。

午后，一个环境幽雅的餐厅里，顾客们在安静地享用着餐点。突然，从一个角落里传来了一个男子的突兀叫声，大家不约而同地把目光向他投了过去。

"小姐，你过来！"男子指着他面前的杯子对不远处的一位女服务员叫道，"你看看，你们的牛奶是坏的，把我的一杯红茶都糟蹋了！"

"真对不起！"女服务员带着亲切的笑容向男子道歉道，"我立刻给您换一杯。"

很快，女服务员端来了一杯新的红茶，茶碟边照例放着新鲜的柠檬和牛奶。

这位女服务员轻轻地把茶碟放在男子面前，轻轻提醒道："我是不是能建议您，如果您想往红茶里放柠檬，就不要加牛奶，因为柠檬会让牛奶结块的。请您慢用。"

男子知道是自己误会了，脸一下子红到脖子根，匆匆喝完茶就走了。

"明明是那位客人的错，你为什么不直说呢？他那么粗鲁地叫唤你，你为什么还这么客气？"一位熟客替这位女服务员气愤。

"正因为他粗鲁，所以要用婉转的方式对待，因为道理一说就明白，用不着大声说。"女服务员笑着答道。

> 心灵人生

得饶人处且饶人,不要以为自己占尽天下道理便应穷追猛打。人与人之间的绝大多数矛盾都是可以避免的,之所以会酿成不快,是因为谁都不肯退让一步。先犯错的人一般犯的都是无心之过,所以不应该对其大呼大叫,因为很多道理只需一句平静的话就能道明的了。

12 不争对错

我不同意你的观点,但我誓死捍卫你说话的权利。

一棵菩提树下,两个小和尚在讨论什么才是大智慧。

"所谓大智慧,就是当人看到花开时心情随之明朗,但花谢了也不因此而暗淡。"一个小和尚说。

"不对,真正智慧的人不会因为花开而喜,也不会因为花谢而哀,他的心情一直明朗着。"另一个小和尚辩驳道。

"人的心情不可能一直明朗,肯定得有因由,而花开则是让人心情愉悦的事情。"

"你难道不知道,不以物喜不以己悲才是大智慧?"

"非也,真正的大智慧是该喜则喜该悲则悲,率性而为,毫不弄虚作假。"

两个小和尚争论不休,彼此面红目赤,最后竟破口说了脏话。

师父听到吵闹声便走了过来,两个小和尚便请师父评理。

"我不会告诉你们谁对谁错,"师父对他们说,"我只问你们一个问题,如果有人想送礼物给对方,但对方不肯接受,那么这份礼物应该给谁呢?"

"当然是还给送礼的人啊!"两个小和尚齐声回答说。

"那就对了。"师父说,"你们都试图让对方接受自己的观点,但你们都不接受,只好自己保留。同样,你们骂对方也是如此,如果你们都不接受骂人的话,那么骂人的话就要返回你们自身。"

"弟子明白了。"两个小和尚说,"那请问师父您觉得什么才是大智慧呢?"

"我想我已经告诉你们了。"师父说完就走开了。

心灵人生

人的思维是自由的,一个观点很难分对错。如果强行让别人接受自己的观点,这种做法和强盗行径无异。真正的大智慧既不是指一个人有多聪明,也不是指他的观点有多正确,而是指"不争"。不争对错,不争胜负,以一颗宽大的心来接纳一切是非对错,这就是大智慧。

13 不知不愠乃君子

如果你的心如大海般宽广,那么区区一件破旧的衣裳如何能盖得住它?

一位禅师应邀来到将军府,被两个门卫拦住了。

"我是应将军之邀来此吃斋谈禅的。"禅师双手合十道。

"快滚开,将军不会邀请你这种浑身邋遢、臭味难挡的人!"两门卫大声叱呵道。

禅师笑了一笑便离开了。

一会儿,禅师换了一件崭新的袈裟再次登门,门卫没为难他,立刻放他进去了。

见到禅师,将军高兴地为他设好斋宴,对面而坐。

禅师坐下来后,并不往嘴里送斋,而是不停地往衣袖里装。将军大感疑惑,问道:"师父,您是替家母和弟子带菜吗?您不用担心,只管享用,我叫厨子多烧些送去便是。"

"你口口声声叫我师父,可你今天是请我的衣服用斋啊。"禅师说道。

"师父此话怎讲,弟子确实是请师父用斋啊。"将军更加糊涂了。

"贫僧第一次登门,穿了一件破旧的法衣,你的门卫不让我进门;第二次登门时,贫僧换了件新的袈裟,你的门卫就让我进了,这难道不是请我的衣服吃斋吗?"

"真有此事？看来我要把那两个门卫好好教训一番才是！"将军生气地说。

"不必了。"禅师说，"贫僧只是以为，穿旧衣和穿新衣会被看成两个不同的人，贫僧便忍不住给衣服用斋了。"

心灵人生

人常常容易被事物的表象所迷惑，喜欢以貌取人。以貌取人是人之常情，因为我们第一眼看到的就是一个人的外表。如果你因为自己的长相和衣着而被他人耻笑或拒绝的话，请不要介怀，因为真正有修养的人都不会在意的，否则此时的你在他人眼中就是丑陋的。

14 无视谣言

对付谣言的最好方法就是无视它，因为所有谣言都经不起时间的考验。

20世纪60年代的美国充满自由的气息，嬉皮士口中总是挂着"Do your own thing（我行我素）"的口头禅。在这样的时代背景下，有个很有才华的人要竞选议会议员。

这个人做过大学校长，博学多识，很有希望赢得选举胜利。然而，选举期间散播了关于他的这样一个小谣言：三四年前，在一次教育大会上，他跟一位年轻女教师有过暧昧的行为。这很可能是竞争对手攻击他的一个小策略，他对此非常愤怒。

为了给自己辩解，每次集会或演讲他都要站出来提一提这谣言，极力证明自己的清白。实际上，选民们并不知道有这么一件事，但经他多次提起，选民们开始相信确有其事，并议论纷纷："如果他真的是无辜的，那为什么还要不停地为自己辩解呢？"遭到选民们的质疑，他更加声嘶力竭、不顾一切地为自己辩解。

事情就是这么奇怪，当他越是竭力澄清自己，人们就越相信谣言是真的，就连他的妻子也相信他有外遇，使得夫妻间的亲密关系一夜破裂，最后议员之位当然也与他无缘。

与这位过分关注谣言的前校长不同的是，在总统竞选电视辩论中，里根曾微笑着说了这样一句话来回击对手卡特的攻击："你又来这一套了。"观众一时间被引得哈哈大笑，卡特由此被推入了尴尬的境地。

有着同样智慧的是"终结者"施瓦辛格。在竞选州长时，施瓦辛格也被这样的恶语中伤，但他根本就不在意，任由时间去"终结"这些无中生有的谣言，最后凭借自己"真汉子"的人格魅力获得竞选的胜利。

心灵人生

人生在世，难免要受到谣言的侵扰。面对这些谣言，有的人声嘶力竭地为自己辩解、澄清，但效果却适得其反；有些人无视这些谣言，或者以一句幽默的话一笑而过，谣言却不攻自破。所以，对生活中出现的谣言，最好的方法是把它放下，只要暂时回避一下，生活就会重归风平浪静。

15 事情已经过去了

既然这件事情并未对你我造成伤害,那又何必为了它而耿耿于怀?

几个老师带着一班小学一年级的学生去参加航空模型展,到了下午准备回去的时候,一清点人数发现少了两个孩子。

老师们找了很久都没找到,情急之下便报了警,并打电话通知了这两个孩子的家长。幸运的是,在当地警察的协助下,这两个走失的孩子终于被找到了。两个孩子意识到自己闯了祸,害怕得说不出话来,一直哭着喊他们的妈妈。

两位妈妈焦急得满头大汗,都抱住在正哭得委屈的孩子。其中一个妈妈等孩子安静下来后,开始严厉地质问这次活动的负责人——一个年轻的女老师。女老师紧张得不得了,一个劲地向这两位妈妈道歉。

"道歉解决不了问题,"这位妈妈生气地说,"我的孩子受到了惊吓,你们一定要向我的孩子赔偿损失,否则我不会轻易罢休!"

这位女老师才刚调到这里,她不想失去这份工作。虽然一路上她都和其他几个老师一起细心地看着这些孩子们,丝毫不敢疏忽,但还是出现了这样意想不到的事情。想着想着,女老师眼眶开始红了。

就在那位妈妈严厉地质问女老师时,另一位妈妈对自己平静下来的孩子说:"事情已经过去了,你的那位美丽的女老师因为找不到你而被吓坏了,现在十分难过。不如你过去亲一下她,给她一些安慰吧。"

这孩子听了妈妈的话后,走到女老师面前,十分懂事地安慰她:"不要害怕,事情已经过去了。"说着轻轻地在女老师的脸上亲了一下。女老师十分感动,也在孩子的脸蛋上亲了一下。

那位一直生气的妈妈见到这一幕,忽然意识到自己刚才的行为似乎做得不对,就有点尴尬地笑着对女老师说:"那个……我不追究了,事情已经过去了。"

心灵人生

当习惯了波澜不惊的生活后,一旦出现了不愉快的小事故时,我们都会担惊受怕。这些小事故常常有惊无险,它们带给我们的不过是一阵心跳。然而,人们总会把小事故变成大事故,最后一发不可收拾。小事故不过是生活中的小插曲,只要它退场了,我们便应继续享受主旋律。

16 万事随它去

烦恼都是自找的,如果你的心从不为外物所动,那烦恼又能从何处来?

惟俨是唐代名僧,又名药山惟俨,山西绛州人,俗姓韩,十七岁出家,在禅宗历史上有着举足轻重的地位。

惟俨禅师博通经论,常常有很多人慕名前来请求指点迷津,郎州刺史李翱就是其中一个。

惟俨禅师曾说过，有心悟道的人，不应该被条条框框所限制，只要心净则法成。李翱久闻惟俨禅师的盛名，曾多次邀请他出寺布道，但他不肯，李翱只好前来请教。

李翱问："一个人参禅悟道，如何才能不被外境所惑？"

惟俨禅师答道："随它去，不要理会它就是了。"

李翱对这个回答似乎并不满意，叹了口气又问："我虽不理它，但它总是自动来骚扰我，让我无法抵抗，又如何是好呢？"

"鼓起勇气，还是不理它！"惟俨禅师依然如此答道。

李翱接着又问："即使再有勇气，但外境依然围绕在身旁不肯远去，我每天都要承受很大压力，依然难以抵御，这时又该怎么做呢？"

惟俨禅师淡然地说："如果是这样，那你能做的就只有随它去了。"

心灵人生

我们的心情常常容易被外物侵扰，之所以能被侵扰，是因为我们在乎。如果从来都不在乎某个人某件事，那心情就永远是自由的。任何一颗鲜活的心都会被侵扰，除非心如止水。然而，如果一件事情即使我们再在乎也无法改变的话，那这时能做的就只有随它去而已。

17 退一步海阔天空

人的心胸比天空还要宽广,只要我们不争,永远都会有后退一步的空间。

一条大河将广袤的森林划分为两大片。大河的东侧是东森林,生活着一群山羊;西侧是西森林,生活着一群羚羊。大河上横跨着一座独木桥,窄得每次只能容一只羊经过。

有一天,东森林的一只山羊想到西森林去采草莓,而西森林也刚好有一只羚羊想到东森林去采橡果。两只羊同时上了独木桥,到桥中心时,两只羊彼此挡住了,谁也走不过去,谁也不想往回退,彼此僵持了很久。

山羊终于开口了,冷冷地说:"喂,你的眼睛是不是长在屁股上了,没见我要去西森林吗?"

"我看你干脆是连眼睛都没长吧,要不怎么会挡我的道!"羚羊不服气地反唇相讥。

"你到底是让还是不让?"山羊晃了晃头上的一对犄角,"你要是不让开,我可要硬闯过去了!"

"别以为只有你才有角,"羚羊也晃了晃犄角,"你要斗的话我奉陪到底!"

就在两只羊剑拔弩张之时,从它们头顶飞来了一只秃鹫——专食腐肉的大鸟。

"喂,你们倒是快打啊,"秃鹫边盘旋着边大声叫道,"你们掉到河里淹死,那我今天的晚餐就有着落了!"

"喂,你听到了吗?"山羊首先收起怒气对羚羊说,"我们如果谁也不让谁掉到河里淹死了的话,最后便宜的是秃鹫啊!"

"说的是!"见山羊没了盛气,羚羊也意识到了自己的愚蠢。

"那我们一起慢慢地往后退吧?"山羊建议道。

"对的,这是最好的做法!"羚羊说着便慢慢地往后退了。

秃鹫见独木桥上的两只羊竟然没打起来,失望地飞远了。

心灵人生

逞一时匹夫之勇不是智者所为。人们常常不懂谦让,总要因为一件小事而闹得水火不容。其实,人生的道路是足够宽广的,之所以走得慢,就是因为每个人都互不相让。路不止自己一个人走,要想自己走得畅顺,就要懂得谦让他人,让他人先走一步。

18 接受才是真正的勇气

你之所以会遭受污蔑和攻击,是因为有人想利用你来垫高他自己,你可千万不要上当。

一天,古希腊大哲学家苏格拉底和他的学生柏拉图在雅典城里边走边讨论着问题。

"老师,在您看来,什么才是勇气呢?"柏拉图问苏格拉底。

"世人都认为勇气就是拿起武器来反抗,我倒觉得,坦然接受不公平才是真正的勇气。"苏格拉底回答说。

正在他们对"什么是勇气"继续探讨下去的时候,忽然有位青年蹿了出来,莫名其妙地用棍子打了一下苏格拉底,然后飞快地跑远了。柏拉图见了,立刻拔腿要找那个年轻人算帐。可当柏拉图刚跑出两步时,苏格拉底叫停了他:"不要去报复他。"

"难道您怕这个人?"柏拉图非常疑惑。

"不,"苏格拉底说,"我绝不是怕他。"

"那人家打您时,您都不还手吗?"

"我们才刚讨论了什么是勇气,你这么快就忘了?"苏格拉底表情略显严肃地说,"懂得接受才是真正的勇气,难道一只驴子踢了你一脚,你也要回踢驴子一脚吗?"

柏拉图惭愧地点点头,就不再说什么了。

苏格拉底终生都保持了这种勇气。在他七十岁那年,他被雅典法院控诉,以侮辱雅典神和腐蚀青年思想的罪名判处死刑。他拒绝了逃亡雅典的机会,接受了这个判决,最后饮下毒酒而死。

心灵人生

有的人之所以会攻击他人,是因为其精神受到了挫折,以此来发泄。

如此行径自然卑劣，但做出这种行径的人，实际上是一个值得让人同情的人，因为他就像一只死狗。俗话说，没人会踢一只死狗。稍有委屈就想报复，这不是真正的勇气，真正的勇气是宽容，是接受。

19 打不赢就跑

一往无前是份难得的勇气，而激流勇退却也是份难得的智慧。

有个小孩刚读小学，因为个头太小，常常受到同学们的欺负。有一次，小孩又被一个比他强壮的同学欺负了，他打不过人家，只好忍受对方的欺负。傍晚放学回家，满脸委屈的他把自己又被同学欺负的事情告诉了爷爷。

"爷爷，要是别人再想欺负我时，我该怎么办呢？"小孩问爷爷。

"别人如果想欺负你，你第一件要做的事情就是让自己不要害怕，因为你越害怕，别人就会越想欺负你。"爷爷回答说。

"那怎样才能让自己不害怕呢？"小孩又问。

"你应该毅然地脱下你的外衣，用坚定的眼神注视着对方的眼睛，慢慢地卷起你的袖子，让对方以为你要还击他。记住，一定要紧紧地盯住对方的眼睛，这样你就不会害怕了。"爷爷摸了摸小孩的头。

"但如果他不怕我，而是准备动手欺负我，我又该怎么办呢？"

"如果真的是这样的话那就麻烦了，你只能掉头就跑，因为除此之外你别无选择。"

> 心灵人生

我们之所以会尝试着去做某件事情,是因为我们觉得自己能成功,至少不会马上失败。如果你即将要做的一件事情注定是失败的话,最好的选择当然是不要去做。生活常常会遇到自己无能为力的事情,遇到的对手和困难就像一堵铜墙铁壁横亘在面前,这时唯一能做的就是绕道而行。

20 你要做的只是避开

当他们目露凶光时,你应该感激自己还有一双腿,因为你可以尽己所能地逃跑、避开。

已故美国流行音乐天王迈克尔·杰克逊在全球拥有极高的知名度,甚至就连当时的里根总统都想沾一下他的光。

20世纪80年代初,美国处于严重的通货膨胀,人们生活成本加大。在这种大背景下,新一代的青少年经常打架斗殴、不学无术,甚至还吸毒,真的是垮掉了的一代。里根总统关心青少年的成长,便请当时就已经拥有巨大号召力的迈克尔·杰克逊创作一首歌,以感化这些年轻人。

迈克尔·杰克逊很喜欢孩子,他也一直想创作一首不同于以往的摇滚歌曲。于是,在他的努力下,著名歌曲《Beat It》诞生了。

关于歌曲《Beat It》，迈克尔·杰克逊在他的自传《太空步》里这样写道："写《Beat It》时，我脑海中一直想着学校的孩子们，我一直就喜爱为孩子们创作歌曲。为他们写歌，了解他们的所好是很有趣的，他们是要求非常高的听众，你可不能糊弄他们。"

他继续写道：

"在《Beat It》中，我想告诉大家，如果我陷入了困境我会怎样去做。这是一个教训，它告诉我们应该憎恶并放弃暴力，对这点我深信不疑。

"《Beat It》告诉孩子们要机警，避免麻烦，我的意思不是说别人打了你的右脸，你再把左脸转过去让人打，我是说，除非你被逼到墙角别无选择了，否则最好是避免暴力的发生，赶快溜之大吉。如果你打架受伤甚至死了，那你什么也没得到，反而什么都失去了，你是个失败者，怎么有脸面对那些爱你的人们呢？这就是《Beat It》的含意。

"我认为，真正勇敢而又聪明的人是能和平解决问题的人，而他们的解决之道是智慧，不是暴力。"

心灵人生

在这个世界上，比你强大、比你凶狠的人很多，你常常会受到他们的嘲笑与欺凌。在这种情况下，你最好不要与他们硬碰硬，这并非是胆小怕事的懦弱表现，而是一种真正的智慧与勇气。用暴力对抗暴力从来都没有好下场，为了逞一时之能而拿自己的性命开玩笑，这真的不值得。

CHAPTER
TWO

卷二
丢掉那颗易碎的玻璃心

卷二
丢掉那颗易碎的玻璃心

比起小痛小痒,人生的屈辱其实更让你介怀。你很在乎自己的面子,既不容许他人嘲笑自己,更无法接受自己的卑微。有时他人的一句空洞的话语就能让你耿耿于怀,一声苍白的笑声就能让你咬牙切齿。你总让自己活在他人的目光之下,忘了自己曾是一个洒脱之人。其实你心里明白,他人的言行并非总是恶意的,也并非总是针对你自己,这一切不过是你的玻璃心在作怪而已。

01 这样的面子丢得起

如果你苦心捍卫的面子与尊严无关，那这样的面子有多少就应该丢多少。

传说在很久以前，森林里的所有鸟儿都不会唱歌。

有一天，从一个遥远而神秘的地方飞来了一只云雀，它的歌声悦耳动听，让森林里的所有鸟儿都羡慕不已。鸟儿们都想向云雀学唱歌，于是一致央求它。禁不住鸟儿们的苦苦哀求，云雀只好答应了。

云雀先教鸟儿们音符，它唱一声，鸟儿们便跟着唱一声。半天下来，云雀要检查鸟儿们的学习情况，让它们一个个地站出来单独试唱。乌鸦是第一个出来试唱的。

只见乌鸦扭扭捏捏地站在众鸟面前，清了清嗓子，很不好意思地低叫了一声。由于过分紧张和羞涩，乌鸦发出的音符走调了，鸟儿们一听都哄然大笑起来。遭到大家的嘲笑，乌鸦羞愧得满脸通红。

"大家不要笑，"云雀制止了鸟儿们，"你们都是刚开始学，音符发得不对是很正常的。"待鸟儿们静下来之后，云雀请乌鸦再大声唱一遍，但乌鸦却十分恼怒地说:"我才不唱呢!这不是存心要丢我面子吗?"乌鸦说完便头也不回地飞走了。

云雀只好继续教其他鸟儿们唱歌。

不少鸟儿在最初单独发音的时候都走了调,同样遭到了大家的嘲笑,但这些鸟儿并不气愤,而是虚心地听从云雀的教导,认真地总结经验。没过多久,森林里的鸟儿们都学会了唱歌。

那只飞走了的乌鸦怎样了?它当然还是那难听的嗓子,不仅继续受到其他鸟儿的嘲笑,现在还受到人类的咒骂。

> 心灵人生

人们通常挂在嘴边的面子,其实不过是自我意识膨胀的结果,这样的面子完全可以丢弃。这个世界有太多我们不懂的东西,如果碍于面子而不懂装懂,即使现在没被取笑,将来也一定会贻笑大方。不管学什么,都应虚心求教,勇于承认自己的不足,只有这样才能有所长进。

02 "不要脸"的人才能成功

不要总觉得自己高高在上,也不要老是觉得自己在丢面子,其实你毫无面子可丢。

他是一个辍了学的孩子,后来到城里的某家快餐店找了一份送外卖

卷二 | CHAPTER TWO
丢掉那颗易碎的玻璃心

的工作。

"你是不是不想上学，逃学出来打工的？"快餐店老板这样问他。

"我是辍学出来的，家里很穷。"他回答说，"我母亲病了，父亲是个残疾人，在集镇上摆了一个烧饼摊。我到城里来，是想寻求发展的机会。"

老板便留他下来帮忙送外卖。

他有过很多伙伴，但他们都干不长，少则一个月，多则三个月，都是嫌工资低、活儿苦。然而，他一干就是六年，从一个少年长成了一个青年，周围的街坊和商贩们全都认识他，甚至有人把他认同为快餐店的老板。

"你每月赚多少呢？"一个熟悉他的妇女问。

"三百。"他红着脸答道。

"怎么可能，你好歹也是个小老板，怎么可能只赚三百？"

"我其实只是个送外卖的。"他显得很尴尬。

"你为什么不干点别的呢？"妇女又问，"你不能一辈子送外卖，别人会看不起你的！"

他没再说什么，只是笑了笑。

一个月后，人们没再见他到处送外卖，而是在附近开了一家家政服务公司。

城里的家政公司很多，竞争很激烈，按理说不会有太多生意，但他的公司却生意火爆。为什么会这样呢？原因很简单，他在送外卖的那六年中认识了很多生意人,而生意人是城里最需要家政服务的群体,而且他六年来都很注意和这些生意人搞好关系。

当别人问他成功的秘诀时,他这样反问道:"像送外卖这种别人看不起的工作,你们愿意干六年吗?"

心灵人生

面子不是别人给的,而是自己挣回来的。每个人都应该让自己成为一个内心坚强的人,不要总是因为别人的一句数落而生气,也不要总是拒绝做那些不体面的工作,因为当你一无所有时,你是不需要害怕失去的。只要你有目标,你就有理由隐忍,就有理由丢面子。

03 贫穷不丢人

你可以用虚荣来掩盖一切缺陷,唯独不能掩盖贫穷,因为贫穷总是欲盖弥彰。

有一天,一个樵夫的家里来了一个衣不遮体的陌生人。

"喂,"他大声喊道,"这是我的家,你赶紧离开!"

"从今天起我要在这儿住下来,你不能赶我走!"陌生人理直气壮。

"你到底是谁?"樵夫生气了,"再不走别怪我不客气!"

"嘿嘿,你赶不走我的!"陌生人笑道,"我是'贫穷',你最近不总是入不敷出吗？为了买米买盐，你今天不是刚把斧头卖掉了吗？这说明我要在这里住上一段时间了。"

樵夫无言以对，因为"贫穷"说的都是大实话。"但是这家伙赤身裸体，要是让亲戚朋友看见那就太丢人了。"樵夫苦恼地想，"我得想个办法把这个混蛋打发走。"樵夫想来想去，最后决定给"贫穷"做一件外套："如果我把他装扮起来，或许能瞒过周围的人。"

要做外套可得要钱啊，樵夫不得不卖掉家里几乎所有值钱的东西。"如果不这样做的话，别人就会笑话我，就算再穷也比别人笑话强！"樵夫于是给"贫穷"量好了身材尺寸，急忙拿到镇上的裁缝店去。

过了几天，外套终于做好了，樵夫迫不及待地拿给"贫穷"穿上，可奇怪的是怎么也穿不进去。

"这衣服不合身，""贫穷"笑着说，"我实在穿不进去。"

"这骗人的裁缝！"樵夫气急败坏，"我付了那么多钱，他竟敢把衣服做小了。"

"你真糊涂啊，""贫穷"说，"当你花钱来掩饰我的时候，我自然就变得更强壮了。"

心灵人生

一个人是穷人还是富人，其实从外表上就能看出个一二来。虚荣就像一件破了个洞的衣服，如果你用谎言来修补它，别人总会发现其中的补丁，并且谎言越多，补丁也就越明显。贫穷不会丢了你的面子，富裕也不会为你挣来面子，只有懂得自尊自爱的人才能有面子。

04 别输给了虚荣

不要天真地以为一件光鲜的衣服就能掩盖你的贫穷，你如果这样做了，就相当于把贫穷刻入了你的骨髓。

有一穷一富的两个小伙子同时爱上了一个老翁的女儿。

为了选婿，老翁请他们到家里来做客。两天后，这两个小伙子应约而至。

进门时，富家子发现屋里地面擦得很干净，便把鞋子脱了，只穿袜子走了进去；穷小子也见地面很干净，但他并没有脱鞋，而是穿着鞋子径直走了进去。

姑娘一家热情地欢迎了俩小伙子的到来，特意煮了饭来招待他们。

用餐时，老翁问富家子："听说你家里很有钱，但我看你送来的见面礼不过是一个果篮子嘛。"

"我家里是很有钱，"富家子回答说，"但为了表示诚意，这个果篮是我用自己赚的钱买来的。"

"你进门的时候为什么把鞋子脱了？"老翁继续问。

"我看地面很干净，不忍心把它踩脏了。"

老翁听后微笑着点点头，转过头问穷小子："听说你家里很穷，但我看你穿着得体，见面礼也不薄，不像是没钱人家的孩子。"

听到老翁这么说，穷小子得意地说："我家是很穷，但为了表示我的诚意，我借了点钱，买了厚礼和这身衣服。"说着特意伸出自己的脚，露出崭新的皮鞋，完全没去理会他进门时留下的一串脚印。

聊了几句之后，老翁不停地为穷小子夹菜，对富家子却不理不睬，还让他斟酒夹菜，这把穷小子乐得合不上嘴。"看来这女婿我是当定的了！"穷小子高兴地想。

然而，就在酒足饭饱之后，老翁对富家子说："我的好女婿，现在请你帮我送走这位客人吧。"

富家子先是一愣，然后高兴地起身准备送客。

穷小子一听，顿时觉得有一盘凉水泼到了自己头上，大声地问："为什么选他不选我？"

"我怎能把女儿交给一个爱慕虚荣、粗心大意的人呢？"老翁不紧不慢地回答说。

心灵人生

不管是贫穷还是富裕，真诚待人永远不会错。不要因为自己穷而觉得没面子，贫穷本身就是一笔财富。为了让自己看上去更体面而费尽心思掩盖贫穷，这是一种十分幼稚的做法，不仅会让你显得更加贫穷，还会暴露出你爱慕虚荣的心理，实在是得不偿失。

05 不耻下问真丈夫

面子是种很奇怪的东西，只有当你把它放下，它才会重新挂在你的脸上。

张曜是清朝名臣，咸丰十年（1860年）被提拔为知府，不久又擢升为河南布政使。就在他春风得意的时候，一个叫刘毓楠的御史以"目不识丁"弹劾他，他因此被降为总兵。

张曜自幼便不喜欢读书，他是靠一身好武艺当上官的。当时的社会重文轻武，张曜斗大的字不识一个，确实觉得这是他的一个短板。虽然很气愤，但痛定思痛后，他决定拜自己的夫人蒯凤仙为师。

夫人是个才女，不仅容貌秀美，而且熟读诗书。当张曜向夫人提及要拜她为师的想法时，夫人一改往日的温顺，正色道："要教你可以，不过既然是拜师，那当然得行拜师之礼了。"张曜历来钦佩夫人的才学，便高兴地应承下来，即刻穿起朝服，让夫人坐在孔子牌位前，对她行拜师之礼。

张曜自从拜了夫人为师之后，凡公余时间都由夫人教他诵经读史，不敢稍有懈怠。此外，张曜还请人刻了一枚"目不识丁"的印章随身携带，以时刻提醒和鞭策自己。几年之后，张曜终于成了一个有学问的人。

张曜拜夫人为师的事很快就传进了群臣的耳中，大家对此议论纷纷。

有一次在巡抚大堂上，张曜突然问众幕僚："我知道你们都私下说我怕老婆,难道你们不怕吗?"

"不怕!"众幕僚回答说。

"什么?"张曜听后大吃一惊,"你们竟然连老婆都不怕!"

张曜不仅"怕"老婆,也"怕"当年揭他伤疤的刘毓楠。刘毓楠后来因事被罢职回了老家,在得知刘毓楠家贫后,张曜不计前嫌地前来周济他,直到他去世。

张曜因为有肚量,又因为他后来治理黄河有功,因而受到老百姓的爱戴。

🔍 心灵人生

面子这东西其实并不需要时刻都挂在脸上,有时候应当像摘掉一个面具一样将它摘下来。人们常常不肯放下身段,总觉得自己处处高人一等。人生而平等,并无高低之分,每个人身上都有值得我们学习的优点。仇恨和面子一样,只有将其放下才能使自己变得高尚。

06 礼尚可以不往来

如果送出去的礼物是为了抵还人情债,那即使礼物再精美也不会让受赠者有半点喜悦。

这是一个非常和谐的社区,林娜一搬进来便被邻居邀请去参加银婚纪念庆祝会。

不过，林娜觉得自己和大家并不熟，便以身体不舒服为由拒绝了。住在林娜楼上的塞勒斯夫妇知道林娜并非身体不舒服，而是见外，便劝她说："难得有这么一个机会，你应该和大家好好认识一下的。"说着坚持送她去。

几天后，林娜的 MP3 播放器坏了，塞勒斯刚好会修，便帮林娜把它修好了。

"没想到刚一搬进来就得到了这对夫妇的帮助，我应该好好感谢他们。"林娜于是特意买了一盒精美的巧克力送给塞勒斯夫妇，还附带了一张感谢卡。然而，礼物刚送出去没多久，塞勒斯的妻子黛娜便一脸不愉快地捧着那盒巧克力来到林娜门前。

"求求你，"黛娜声音发抖地说，"你不能这样，请拿回去。"

"我只是想送你们一点东西，表示我的感谢而已。"林娜解释说，"你们就收下吧。"

"但是你根本没必要感谢我们，"黛娜说，"我们是朋友啊！"

虽然林娜最后还是说服黛娜收下了巧克力，但黛娜显得很不高兴。

林娜有点伤心，因为她很不明白："为什么他们不肯大方地接受我的礼物呢？"

在以后的相处中，林娜才逐渐明白，塞勒斯夫妇之所以不想接受她的礼物，是因为觉得她送礼物是为了还人情债，是为了划清界线。

"原来他们拒绝我的礼物，是因为我这种行为贬低了他们的无私与友好。"林娜恍然大悟,"我一直以为不够大方的是他们,实际上是我自己。"

心灵人生

很多人都觉得,世界上最难还的债是人情债。人们认为,一旦接受了他人的好处就意味着欠下了人情债,从此就有宾主之别,在以后的交往中就失去了主动权。然而人们忽略的事实是,"主人"不会一直是"主人",他也会成为"客人",因为他也有需要帮助的时候。

07 为屈辱开辟一条新道路

拒绝屈辱的最好做法,就是把他人给自己的屈辱原封不动地还给他人。

大学毕业生马丁·库帕很想进入乔恩·恩格尔的公司工作,因为乔恩是无线电行业的资深人士。

站在乔恩的房门前时,马丁把即将要对乔恩说的话又默想了一遍,然后推开门,发现乔恩正在专心致志地研究无线电话。

"尊敬的乔恩先生,"马丁说,"我很想成为您公司的一名员工,很希望能留在您身边当您的助手。我并不在乎薪金和待遇……"

"你哪一年毕业的呢?"乔恩打断了他的话,"你干无线电的工作多长时间了?"

"乔恩先生,我是刚毕业的大学生,从未干过无线电。"马丁回答得很坦白,"但是我很喜欢这项工作,如果……"

"我看你还是出去吧,年轻人!"乔恩再次打断了他,"我的时间很宝贵,请别再耽误我的时间了!"

听到乔恩这么说,原本紧张的马丁反倒平静了下来,不慌不忙地说:"乔恩先生,您是不是在研究无线电话?也许我能帮上忙呢!"

听到马丁这么说,乔恩很是惊讶。实际上,马丁热衷于无线电技术,他之所以想进入乔恩的公司工作,是因为他觉得这家公司能给自己提供一个研究无线电技术的平台。然而,乔恩还是下了逐客令。

1973年4月的一天,一名男子站在纽约曼哈顿的街头,手里拿着一个砖头大小的无线电话,引得路人驻足观看。男子打通了一个电话,电话那头传来了一个男人的声音:"我是乔恩·恩格尔,请问你是谁?"

"乔恩先生,"这名男子用几乎颤抖的话语说道,"我现在正用一部真正的无线电话与你通话,一部真正的手提电话!"

电话那头的男人沉默了。

不错,这名站在街头打电话的男子,就是当年的马丁·库帕,因率先研制出了移动电话而被称为"移动电话之父"。

心灵人生

人生的道路很少会一帆风顺,走着走着总会遭到他人的拒绝乃至侮辱。他人的拒绝与侮辱对自己来说并非完全是一件坏事。之所以会被拒绝，是因为我们有求于他人、依赖于他人。被拒绝就意味着要独自去开辟一条道路，这对任何人来说，都是一次新的开始。

08 把嘲笑化为掌声

如果别人用恶意的言语来羞辱你，而你又觉得自己没面子，那么你此时已经落入别人的圈套中了。

亚伯拉罕·林肯是美国第16届总统，也是美国历史上最伟大的总统之一。

1809年，林肯出生于肯塔基州哈丁县的一个贫苦家庭，父亲是一个鞋匠。林肯自己曾说过，他的童年就是"一部贫穷的简明编年史"，他小时候经常要帮家人搬柴、提水和干农活。

当时，美国社会很看中门第，有一次林肯在参议院进行总统演讲之前，就遭到了一个参议员的羞辱。

"林肯先生"，这位参议员说道，"在你开始演讲之前，我希望你记得你是一个鞋匠的儿子。"

"我非常感谢你使我想起了我的父亲，虽然他已经过世了，但我会一直记住你的忠告。"林肯回答道，"我永远是鞋匠的儿子，我为此而自豪。我知道我做总统无法像我父亲做鞋匠那样做得好。"

这时，参议院陷入了一阵沉默。

"据我所知，"林肯转头继续对那个傲慢的参议员说，"我父亲兴许也为你的家人做过鞋子，如果你的鞋子不合脚，我可以帮你改到合脚为止。虽然我不是伟大的鞋匠，但我从小就跟着父亲学过做鞋的技术。"

"如果你们穿的鞋子是我父亲做的，而它们需要修理和改善，我一定会尽力帮助。"林肯接着对所有参议员说道，"虽然如此，但我永远也无法像父亲那么伟大，因为他的手艺是无人能比的。"

当林肯说到这里时，所有参议员都为他鼓掌。林肯流泪了，他为自己而感动，因为他把所有的嘲笑都化成了真诚的掌声。

心灵人生

那些通常嘲笑他人的人，都是见不得他人好的人。面对不公平的嘲笑，如果你心中升起了一股愤怒之火，并伺机报复的话，那你也是一个比他们好不到哪里去的人。人们的眼睛都是雪亮的，他们从来都不会喜欢一个以怨报怨的人，因为他们知道，真正伟大的人能把嘲笑化成掌声。

09 那只是一声纯粹的笑

如果你把别人几近空洞的笑声当成了对你的嘲笑，那此时的你确实应该被嘲笑。

古时候，有个年轻人骑着一头驴子到邻村去看木偶戏，在经过该村的一片农田时，忽然从驴背上滑了下来，"扑通"一声掉进了农田里。

农田里有个农夫在劳作，见到年轻人满脸泥污的样子就哈哈大笑起来，然后问道："你这是要去看木偶戏吧？"年轻人遭到农夫的嘲笑，心里很恼火，便不理对方，只到河里洗了把脸便继续赶路了。

戏台上，一场妙趣横生的木偶戏正在上演，但年轻人全无兴致，耳边一直回响那农夫的笑声。"我不过是摔了一跤，那农夫为什么要嘲笑我呢？"年轻人心里很郁闷，"不行，我一定要问一问那农夫！"

年轻人于是骑着驴子回到了那片农田上，那农夫仍在劳作。

"喂，你刚才为什么要嘲笑我？"年轻人朝农夫大喊。

"你就是为这个而来？"农夫说着朝年轻人走了过来，不答反问，"那出木偶戏你难道没看完吗？"

"我没心情看！"年轻人很气愤。

"太可惜了，那出木偶戏我已经看了很多遍了。"

"你先回答我的问题！"年轻人着急了。

"哎，"农夫摇头叹气，"你连那些木偶都比不上啊。"

"你再这样说我可真要打人了啊！"年轻人没想到农夫还要嘲笑他。

"那些木偶以及木偶背后的表演者都喜欢人们笑，而你却怕人们笑！"农夫认真地说，"我刚才是笑了，但并无任何恶意，而你却一直记在心里，连那么精彩的表演都错过了！"

> **心灵人生**
>
> 生活中，人们难免会因为出丑而被嘲笑，我们也曾因此而嘲笑过他人。其实我们都知道，所谓的嘲笑不过是在当时的场合下无关痛痒地笑两声，说到底并无更深的含义。做人应该要有大肚量，不要因为别人并无恶意的笑声而影响了自己的心情，最后错过了人生的精彩。

10 你的嘲笑让我看清了自己

被人落了的面子不应该变成仇恨，而应变成努力奋进的动力。

1871年5月6日，一个名叫维克多·格林尼亚的小男孩出生在一个富裕的家庭里。由于家境的富裕和父母的溺爱，格林尼亚很快长成了一个纨绔子弟。

二十一岁时，喜欢寻欢作乐的他参加了一场舞会。

舞场上，格林尼亚发现了一位美丽端庄的姑娘，不觉心动起来："何不请她跳支舞呢？"格林尼亚于是潇洒地走到这位姑娘面前，伸出手来微微鞠躬道："能不能请你跳支舞？"但姑娘端坐不动。他只好再上前一步细语道："小姐，赏脸跳支舞吗？"但姑娘依然不理睬他。

原来，这位姑娘对格林尼亚的种种劣迹早有所闻，她可不想与这种纨绔子弟共舞。

格林尼亚长这么大从未被人落过面子,他此时心情非常沉重,茫然地站在原地。为了消除尴尬,一位好友走上来悄悄地对格林尼亚说:"这位姑娘是巴黎来的著名的波多丽女伯爵。"为了给自己找个台阶下,他定了定神又走上前去向姑娘表示歉意。

然而,姑娘用手指着格林尼亚,冷笑道:"请你离我远点,我最讨厌像你这种不学无术的花花公子!"

这是第二次打击,格林尼亚的面子全没了。他无力地站在那里,呆呆地想了好久,终于想明白了:"我之所以被人奚落,是因为我真的是身无所长!"

醒悟过来的格林尼亚决定悄然出走,他只留下了一封这样的信:"请不要探询我的下落,我将会努力学习以创造出一番成绩来。"

经过了八年的努力后,维克多·格林尼亚获得了诺贝尔化学奖,并很快收到了一封来自波多丽女伯爵的贺信:"我永远敬爱你!"

心灵人生

我们经常会受到别人的嘲笑和奚落,但这种嘲笑和奚落并非总是恶意的,也并非总是毫无根据的。如果没有他人,我们很难认识自己到底是一个什么样的人,因为自知之明是难得的醒悟。如果有人用刻薄的语言提醒了你,你不要生气,而要把握机会改变自己。

11 不要自取其辱

> 好斗的人就像一颗定时炸弹,你最好远离他,因为你不知道他什么时候会爆炸。

春秋时期,齐国有个喜欢争强斗胜的武士,名叫宾卑聚,常常向街坊邻里炫耀自己的勇武。他整天都带着一把宝剑在街上耀武扬威,为了避免冲突,大家都尽量躲着他。

就这样,宾卑聚无惊无险地活到了六十岁。

一天夜里,宾卑聚躺在床上不无遗憾地感叹:"我活了一把年纪,虽身怀一身绝技,却从未遇到过主动向我挑衅的人,更没遇到过真正的对手,真的是太寂寞、太空虚了!"他如此自言自语,很快便迷迷糊糊地睡了过去。

宾卑聚不知怎的到了一个十字路口,见到了一个膀大腰圆的壮士。那壮士头戴白绢帽,帽上有一簇红缨;身穿绸衣,腰佩宝剑,剑鞘是黑色的;脚穿绢鞋,崭新而白亮。壮士大踏步向他迎面走来,冲他厉声喝叱,还往他脸上吐唾沫。

宾卑聚又惊又气,连忙伸手拔剑,却猛地发现自己躺在床上,原来刚才做了个梦!

然而,梦虽醒了,但宾卑聚心中的惊与气却依然还在,并很快化成了一股屈辱。"那壮士一定是个高手,"宾卑聚坐起身来,"哼,我一定要亲自打败他,以洗唾沫之耻。"

第二天一早,宾卑聚把梦中所见告诉了邻居们,邻居们都说那不过是一场梦,梦醒了就算了。"不成!"宾卑聚紧握手中宝剑说,"我活了六十岁从未受过如此侮辱,我一定要在三天之内找出梦中仇人,好好羞辱他一番,否则我也没脸再活下去了!"

宾卑聚于是到十字路口辨认过往路人,但三天过去了也没找到梦中仇人。宾卑聚羞气难当,回到家后竟挥剑自杀而亡。

心灵人生

不要与争强好胜的人起正面冲突,因为在他眼里,所有人都是他的对手,不管是梦里还是梦外。有自尊心是好事,但如果自尊心过于强烈,那就很容易受伤。不要总觉得自己是最优秀的,因为天外有天,人外有人。所以,为了让自己免受伤害,不妨让自己的脸皮变得厚一点。

12 羞辱是一股向上的力量

你要使自己变得强大,不为别的,就为争回你曾经失去的面子。

1954 年 11 月 15 日,一个黑皮肤的美国女孩出生了,优越的家庭环境让她从小就接受了良好的教育。

女孩从小就很聪明，学习成绩十分优秀，一年级和七年级都跳了级。当过丹佛大学副校长的父亲曾这样对她说过："你可能在餐馆里买不到一个汉堡包，但也有可能当上总统。"

十岁那年，女孩随全家到华盛顿游玩，因为身份是黑人所以不能进白宫参观，这让她备感羞辱。她凝望白宫良久，然后转身用坚定的语气对父亲说："总有一天，我会到那房子里！"

在她以后的成长岁月中，她始终相信和坚持了这样一条原则：黑人的孩子只有做得比白人孩子优秀两倍，他们才能平等；优秀三倍，才能超过对方。

二十五年后，女孩成了俄罗斯问题专家，终于昂首阔步走进了白宫，当上了首席俄罗斯事务顾问，后来又升为国务卿，成为全球著名的外交家，而白宫那条歧视黑人的规定也早已消失不见。

1972年3月6日，一个拥有黑色皮肤的男孩出生了。

男孩从小就喜欢打篮球，也很擅长打篮球。当他长成一个大男孩的时候，有一次见到了偶像大卫·罗宾逊。他兴冲冲地跑上前去，请罗宾逊给他签名，但罗宾逊连正眼都没瞧他一下就扬长而去。他气愤地把签字本摔在地上，大吼一声："你有什么了不起，我将来一定会超过你！"

五年后，NBA赛场上出现了一个超级中锋，在球场上见谁灭谁，所向无敌。

那个黑皮肤的女孩，名叫康多莉扎·康迪·赖斯，是美国前国务卿；那个黑皮肤的男孩，是有"大鲨鱼"之称的沙奎尔·奥尼尔。

> **心灵人生**
>
> 如果有人当面羞辱了你,让你没了面子,你可以气愤,可以记住那个羞辱你的人,但请不要让愤怒冲昏你的头脑。面子从来都不是靠愤怒争回来的,也不是靠言语针锋相对争回来的,而是靠努力使自己强大,从而让那个曾经羞辱了你的人心服口服地把面子还给你。

13 让自己高立于人前

自卑可以像一座大山把你压倒让你永远沉默,也可以像推进器一样产生强大的动力助你成功。

1985年,她离开了护士行业,走进了IBM公司的北京办事处,成了一名最普通的员工。

说她普通一点也不为过,甚至可以用"卑微"来形容她,因为沏茶倒水、抹洗清扫这些活儿就是她每天都要干的。虽然如此,但她觉得很满足了,因为这里的薪水至少能让她解决温饱问题。

然而,她的一生似乎注定与平凡、安定无缘。

有一次,她从外面购买了办公用品回公司,门卫见她衣着寒酸便故意拦住了她,口气生硬地让她出示她的外企工作证。但她偏偏忘了带,于是就被拒在门口之外,进进出出的员工都向她投去了异样的眼光。内心充满屈辱的她默默地告诉自己:"这种日子不会久的,我绝不允许别人把我拦在任何门外!"

过了一段时间,她又碰到了一件伤她自尊的事情。

公司里有一个老资格的香港女职员,为人飞扬跋扈。

"如果你想喝咖啡就请告诉我!"香港女职员有一次大声地朝她喝道。听到这么一句话,她感到十分诧异、满头雾水。"如果你要喝我的咖啡,"女职员又叫道,"麻烦你每次把盖子盖好!"这下她终于明白了,原来这位女职员把她当成了经常偷喝咖啡的毛贼!

这无疑是对她尊严的践踏!她像头狮子,内心的愤怒彻底地爆发了出来。事情平息后,她对自己发誓说:"有朝一日,我一定要有能力去管理公司的任何人,不管是香港人还是外国人!"

于是,她开始利用一切机会来充实自我,每天都比别人多花了六个小时用于工作和学习。很快,她第一个做了业务代表;接着,她成为第一批本土经理、第一批美国本部作战略研究的人;最后,她成了华南区的总经理。

她就是吴士宏,一位叱咤商界的女强人。

心灵人生

人一旦心理不平衡时,总喜欢把情绪发泄到地位低下、身材瘦小的人身上。对任何一个有尊严的人而言,这样的屈辱都是绝不可接受的。所以,要改变自己被欺负、被奴役的命运,唯一的办法就是让自己变得强大起来。只有当自己高立于人前时，别人才会承认你原有的尊严。

14 卑微是成功的垫脚石

即使再卑微的人生也可以是一场喜剧，只要你用心把它演好了，笑中也可带泪。

一提起周星驰，人们马上想到"搞笑"、"无厘头"等字眼。然而，周星驰并非一开始就拍喜剧片，他的成名之路也并非一帆风顺。

1962 年，周星驰出生于香港，在他七岁那年，父亲与母亲离异。或许因为都是单亲的缘故，周星驰与梁朝伟从小就成了好朋友，两人经常在一起做演员梦。1982 年，周星驰拉上梁朝伟去报考无线电视艺员训练班，但被录取的是梁朝伟，他自己反而落选了。

后来，周星驰进了训练班的夜间部，毕业后一直在跑龙套。周星驰跑的龙套，大家比较熟悉的是《射雕英雄传》中的"宋兵甲"，以及梅超风的练功靶子。这两个龙套角色虽然都有台词，但很简短，周星驰的身影也是一闪而过。

1983 年，周星驰被派到儿童节目《430 穿梭机》当主持，一干就是四年。这四年中，他独特的主持风格受到孩子们的喜欢，当时还有记者写了一篇《周星驰只适合做儿童节目主持人》的报道，讽刺他只会做鬼脸、瞎蹦乱跳。

这篇报道深深地刺激了周星驰，他把报道贴在墙上，时刻提醒和勉励自己要演一部真正的电影。就这样，周星驰重新走上了跑龙套的道路。

1987年，周星驰参演了他人生的第一部剧集《生命之旅》，之后主演了《他来自江湖》，渐渐地得到了导演李修贤的赏识，让他出演自己的新片《霹雳先锋》中的一个浪荡江湖小弟。周星驰凭借这部电影，获得了金马奖最佳配角奖，开始受到了人们的关注。

1989年，周星驰以主角身份参演了《盖世豪侠》，由此开创了他"无厘头"的表演风格，奠定了他在亚洲乃至全球的"喜剧之王"的地位。

心灵人生

人的出身都是卑微的，不管是名人还是普通人，因为这个世界上没人一生下来就注定成功。所谓成功，就是实现了自我价值，得到了社会的认可。任何人在成功之前都有一段坎坷泥泞的路要走，这时你没有尊严，没有面子，更没有财富，有的只能是隐忍和理想。

15 我收下你的嘲讽

宽容能让意欲伤害自己的恶语反射回去，让口出恶语之人自己骂自己。

苏轼谪居黄州时，为了排解心中的郁闷，常常到金山寺找住持佛印禅师聊天。对于苏轼的问题，佛印总能智慧地回答，苏轼很不服气，决定找个机会羞辱对方一番。

有一天，苏轼学着佛印的样子闭眼盘腿打坐。过了一会儿，苏轼睁开眼睛冷不防地问佛印："你看我打坐的样子像什么？"

佛印睁开眼睛看了看苏轼，微笑道："像一尊高贵的佛。"苏轼听了十分得意。见苏轼自得的样子，佛印也着问了同样的问题："那你看我像什么呢？"

"我看你就像一堆牛粪。"苏轼嘲讽道。

然而，佛印并没有生气，也没有反驳，只是微笑着。

那天回到家里，苏轼兴奋地跟他的妹妹苏小妹说道："我今天终于将佛印羞辱了一番。"

"哦，是吗？"苏小妹问，"那你是怎么羞辱人家的？"

苏轼便把打坐的事情告诉了苏小妹，苏小妹听后哈哈大笑："不是你羞辱了佛印，是你被佛印羞辱了！"

"此话怎讲？"苏轼糊涂了。

"佛印心中有佛，所以看你是佛；你心中无佛只有粪，所以看人是粪。"苏小妹笑道。

苏轼恍然大悟，随后大笑两声道："佛印心中有佛，所以才如此宽容大度，我心中虽暂时无佛，但我要把佛种出来！"说着扛起锄头到城东开垦了那里的一块坡地，从此自号"东坡居士"。

心灵人生

对待别人的赞美之辞,你可以收下,也可以放在一边。但对于别人的恶语批评,你既不能反唇相讥,又不能点头收下,而要沉默不语,因为沉默是拒绝的最好做法。宽容不仅能消融嘲讽的恶语,还能把凄山苦水变成一片肥沃的东坡之土,让你收获人生的超然与恬淡。

16 让妒忌从此变羡慕

任何一个成功者都不会枉费心思妒忌他人,而是努力让他人妒忌自己。

他从小就是一个孤儿,每天都要到广场去乞讨。

有一天,他被广场上的一个"资深"乞丐叫住了:"嘿,小鬼,这可是我的地盘,你不能再在这里讨饭吃了,赶紧到其他地方去,否则有你好看!"

原来,他的乞讨收入比这个"资深"乞丐的多。

"你这是妒忌我!"他抬起头说,"与其妒忌我,你还不如去妒忌快餐店里的小伙计,因为他们都比我强。"

"哼,让我去妒忌快餐店的小伙计,""资深"乞丐怒气冲冲地说,"我有那个资格吗?"

听到对方的这句话,他心里想:"原来这家伙妒忌我,是因为我们的地位最接近。如果我当上了快餐店的小伙计,那这家伙就没资格妒忌我了!"他这样想了之后,当即向"资深"乞丐赔不是,第二天便到快餐店去应聘了。

他对快餐店的老板说:"我可以不拿工钱,只要你给我饭吃就行。"老板便收了他当伙计。

他当上了小伙计之后,从此不用再饿肚子了。后来,因为工作卖力,老板给他开了点工资。然而,他只拿了一次的工资,其他小伙计就开始妒忌了。

"凭什么你拿的工资要比我的高?"一个小伙计非常不满。

"我才这么一点点工资,"他委屈地说,"你为什么不去和老板比呢?"

"你脑子进水了吧,我怎么能和老板比呢!"

听到这句话,他没继续理论,而是在心里想:"要想不被这些小伙计排挤,只有自己当老板了。"

经过几年的拼搏后,他积累了点钱,终于开了一家自己的快餐店,当上了老板。

心灵人生

被人妒忌并不完全是坏事,至少说明你比他人优秀,所以你完全没必要生气。然而,他人之所以妒忌你,只是因为你比他人优秀那么一点点而已。小人物之所以不去妒忌伟人,是因为伟人高不可攀。所以,想要让自己不被妒忌、不被排挤,你只有让自己变得高不可攀。

17 没人会踢一只死狗

对待无理取闹的批评，最好的做法是无视它，直至批评在沉默中土崩瓦解。

才三十岁出头的他就被任命为美国一所名牌大学的校长，很多人对此表示不满，特别是老一辈的教育界人士。

人们纷纷起了他的底：半工半读地从耶鲁大学毕业，做过伐木工，做过商店销售员，比较体面点的、和教育拉上点关系的是当过家庭教师和发表过文章，至于教师也才当了八年而已。

"太年轻了，这样的阅历根本不够资格当校长！""只在教育界混了八年，不仅教学经验不够，很多教学理念都非常不成熟。"人们对他的批评就像潮水一样涌来，有些报纸也发表了讽刺他的文章。

"亲爱的，今天早上我又看到了报纸上攻击你的文章，我真替你担心！"妻子忧心忡忡地对他说。

"不用担心我，我一直都没把这些评论放在心上。"他笑着对妻子说，"这些人都是酸葡萄心理，他们见不得别人好，害怕新鲜事物。如果我跟他们一般见识，那我还真没资格当这个校长了！"

"他们越是批评我就越显得我重要，这未尝不是好事。"他继续说，"在美国历史上，曾经有一个人被别人骂为'伪君子'、'大骗子'、'只比谋杀犯好一点点'；报纸上曾有过一副丑化他的漫画，画着他站在断头台上，一把大刀正准备向他的头砍下来；在他骑马从街上走过的时候，一大群人都围着他又骂又叫……

"你猜这个人是谁？他就是美国的国父——乔治·华盛顿。"

心灵人生

如果有人批评你，不管有无道理，都证明你是一个重要人物，你应该感到高兴。人们关注的事物，都是他们向往的或者暂时无法拥有的，这便是酸葡萄心理。恶意的批评就像是用沙子堆积起来的牢房，永远困不住心胸开阔的人，因为只需一阵风吹来这牢房就会荡然无存。

18 收起你的委屈

在这个世界上没人有义务去理解你，当你受到委屈时，你要试着理解自己、理解他人。

高考在即，高三毕业班的学生们都争分夺秒地复习。

学校规定，晚自习的时间在十点半结束，时间一到保安就会把楼梯口的门锁上。不过，年级组长很理解学生们的用心，总是让保安先下班，自己则等到深夜学生们都走后，才锁门回家。

有一天晚上，年级组长因为身体原因先回家了。

晚自习结束后，有个学生像平时那样迟迟不愿离开教室。快到十点半时，门口传来了重重的敲门声，只见保安站在门口不耐烦地喊道："要关门啦！"

那学生以为保安只是循例上来催一下，便随口应了一声，然后继续复习。几分钟后，楼梯口传来了关铁门的声音，那学生猛然醒悟过来，慌忙冲到楼梯口，大叫"开门"。

过了一会儿，保安不知从哪里走出来，一脸轻蔑地对那学生说："你只管叫吧，没人会给你开门的！像你这种人我最看不惯了，每天都赖着不走！"

被保安这么一说，那学生气极了，疯狂地摇晃着铁门，终于惊动了其他学校领导，这才打开了铁门。

第二天，那位学生被叫到了年级组长的办公室。

"你知道你错在哪里吗？"年级组长问。

"我怎么会有错？"学生十分委屈，"为了考上理想大学，努力复习是天经地义的事！"

"热爱学习当然是好事，但学校是有规定的，既然有规定我们就要无条件地遵守。"

学生低着头不知该说什么。

年级组长意味深长地说："这个世界上并非所有人都能理解你，有些人就是要跟你过不去，并且道理还在他们那里。你能做的，不是像头发怒的狮子一样和他们对抗，而是敬而远之。"

二　丢掉那颗易碎的玻璃心

CHAPTER TWO

心灵人生

这个世界有很多不合理的事情，作为单独的个体，既无能力也没必要为此感到委屈，特别是当这些事情都在规矩之内。所谓无规矩不成方圆，即使很多规矩都有着不够人性的地方，但它们依然有存在的价值。所以，要让自己活得开心，最重要的是放宽胸怀，不要与世界为敌。

CHAPTER
THREE

卷三
别让愤怒掌控你的人生

卷三
别让愤怒掌控你的人生

不管他人的过错是有心还是无意,当你无法释怀时,怒火便逐渐在你心中点燃,并瞬间爆发。愤怒是一种极具破坏力的情绪,不管你当时有多大道理生气,一旦你的心灵被它控制都难免要做出过激的错误之举。然而,你体内的这颗"定时炸弹"永远也无法拆除,你能做的只能是尽量减少它爆发的次数,不要让它掌控你的人生。

01 怒气来了就吼几声

有脾气就要适当地发泄，否则当它积累到了一定程度就会像炸弹一样爆炸开来。

一位白领在公司里有着很好的人缘，他性情温和、待人友善，几乎没人见他生过气，也没有人会对他发脾气。相比之下，有位同事脾气就不那么好，所以就很虚心地请教他：

"你怎么能做到这么随和呢？是不是你根本就没什么脾气？"

"是人都会有脾气的，"他笑着回答说，"你之所以很少见我发脾气，不是因为我没脾气，而是因为我有自己的一套控制脾气的方法。"

"什么方法，能说出来参考一下吗？"

"当然可以。其实我脾气还是挺大的。"他尴尬地笑了笑说，"离我们公司不远的地方有一个机场，而我家就在机场附近。你知道，飞机起飞的时候会发出低沉而冗长的轰鸣声，我最讨厌这种声音，但我每天都必须忍受。有一次我在处理一份文件，几次听到了飞机的轰鸣声，我实在受不了了，便跑上天台，对着飞过来的飞机大声吼叫，就好像要与飞机比一下谁的声音大。

"那次对着飞机吼了几声后，发现心中的郁闷情绪竟然少了很多。后来，每当我心情不好或是受了委屈想要发脾气时，我就会跑上天台，等飞机飞过时，就对着飞机大声吼叫。等飞机飞走了，我的不快和怨气也就消失了，就像被飞机带走了一样。"

心灵人生

在工作和生活中，有压力是必然的，也是必要的，因为有压力才有动力。然而，一味地压抑心中的不快不但不能解决问题，一旦这种不快积累到一定程度时，就会变成怒火，最后伤人伤己。在生活节奏繁忙的现代生活中，每个人都应该有一套自己的方法来释放压力。

02 一切愤怒都是自找的

坏脾气就像一匹脱缰野马，只有懂得控制和驾驭它的人才能成为成功者。

美国总统林肯年轻时喜欢写信评论是非，还常常在当地报纸上发表文章公开抨击对手，他因此被人冠以"让人讨厌的批评者"的称号。

1842年，他又公开写文章讽刺了一位政客——自视甚高的詹姆斯。詹姆斯无法容忍林肯对自己的污蔑，提出要与林肯决斗。由于无台阶可下，身无一技之长的林肯只好接受挑战。临时学了点剑术之后，林肯与詹姆斯在密西西比河对岸准备一决生死。

幸好，就在准备拔剑的时候，他们的朋友阻止了他们，避免了不幸的发生。毫无胜算的林肯深知自己这条命是拣回来的，从此痛改前非，再也没写过侮辱别人的信件，直到他当了总统。

1861年，美国南北战争打响了。当战争打到最酣的时候，林肯逮到了一个消灭南军的绝好时机，便命令总司令格兰特将军不要把时间浪费在开军事会议，而要立即展开攻击。但格兰特将军多次置林肯的命令不顾，最后贻误了战机。

得知消息后，身在首都的林肯怒不可遏，愤怒地重操"旧业"——给格兰特写了一封信，表达了自己内心的极端不满。

"亲爱的格兰特将军，"林肯写道，"本来一切都在我们的掌握之中，可是现在战争又要无限期地拖延下去了……依靠你取得战争的胜利是不可能的，所以我也不期盼你能做得更好……"

如果这封信寄了出去，骄傲的格兰特将军看了之后一定会大发雷霆。但是，格兰特并没有收到这封信。

原来，林肯在写完了这封信后，发现自己的不满已经发泄完了，他不想再成为"让人讨厌的批评者"，所以他没把信寄出去。

心灵人生

人性总有弱点，即使是伟人，其身上也存在这样或那样的缺点。面对他人的批评时，不管有无道理，很多人的第一反应就是直接否定，随之是生气，接着是报复。敌人都是自己招来的，如果自己心平气和，那么他人也会自得其乐，因为这世上没有谁会无缘无故地为难他人。

03 点把火烧掉怒气

脾气是隐藏在我们心中的魔鬼，我们难以消灭它，只能控制它。

1865年4月15日，他在戏院被刺客开枪击中，奄奄一息。陆军部长史坦顿站在一旁注视着他，用悲伤而又无比崇敬的语气告诉前来探望的人："这里躺着人类有史以来最完美的统治者。"

他就是美国总统林肯。史坦顿对林肯的这句评价并非夸大之辞，实际上，史坦顿所说的"完美"，他本人深有体会。

有一天，一位少将因为一些事情辱骂了史坦顿，史坦顿气呼呼地找到了林肯，想从林肯那寻求点安慰。

"你可以写一封内容尖刻的信，狠狠地骂那家伙一顿。"林肯建议道。

史坦顿于是拿起纸和笔，立即便写好了一封言辞激烈的信，然后递给林肯过目。

"写得太棒了，要的就是这样的信！"林肯连声叫好，"写得太绝了，太解气了！"

然而，当史坦顿把信折好装进信封里时，林肯却叫住了他："你这是要干嘛？"

"当然是把信寄出去啊！"史坦顿有点摸不着头脑了。

"快别这么干，这信不能寄出去！"林肯以一种不可反驳的语气说，"快把信扔到火炉里去！"

"为什么？"史坦顿还是这样问了一句。

"凡是生气时写的信都不能寄出去。"林肯说，"你写这封信的时候已经把气解了，这正是我让你写信的目的，我平时也会这么干。所以，现在请把它烧掉吧。"

心灵人生

人在气头上时往往是缺乏理智的，这个道理在生物学上已经得到了验证。生气时所做的动作和所说的话，对他人和自己都是一种伤害。然而，生气并不能完全被人拒之门外，脾气再好的人也会生气。生气并不是一件可耻的事情，只要我们找到合适的方法将它发泄出去。

04 生气就是跟自己过不去

不要把别人的一言一语都指向自己、对号入座，这是自讨苦吃。

有个少年特别爱生气，动辄就打骂他人，他自己也知错，但就是控制不了自己的脾气。

有一天,少年又因为一些小事和小伙伴吵起来了,他的爷爷走过来问他:"你想不想学会控制你的脾气?"少年点点头。"那你就得听我的。"爷爷说着把他领进了一间杂物房里,落锁而去。

"爷爷,你为什么把我关在这里?"少年在里面大声地叫喊,但爷爷不回一句话。

少年感觉自己被爷爷欺骗了,气得跺脚大骂,但不管他怎么骂,爷爷都不说一句话。过了不久,少年开始哀求爷爷了,爷爷依然置若罔闻。又过了一会儿,少年终于沉默了,爷爷这时来到门外:"你还在生气吗?"

"我在生我自己的气,怎么会被锁到这里受罪。"少年说。

"连自己都无法原谅,怎么原谅他人?"爷爷说完便走开了。

过了半个小时,爷爷又过来问他:"你还在生气吗?"

"不生气了。"少年答道。

"为什么不生气了呢?"

"我再怎么生气也出不去啊!"

"那你的气依然还未消,还压在心里,一旦爆发会更加剧烈。"爷爷说完又走开了。

差不多一个小时过去了,爷爷第三次来到门前:"你还在生气吗?"

"我不生气了,因为不值得生气。"

"你心里还是有气根,因为你在判断一件事情是否值得生气。"爷爷说,"不过,你能想到这一步已经很难得了。"爷爷说完把少年放了出来。

"爷爷,到底什么是气呢?"少年问。

"气就是自我过剩，"爷爷说，"一个人如果太把自己当回事，那他就得时刻受气。"

"如果我一旦再次生气该怎么办？"

"那你就像今天这样，把自己的心暂时关起来，等你冷静下来了，气自然就没有了。"

心灵人生

我们都有这样的体会，身边那些敏感内向的人常常容易生气，因为他们把别人的每一句话、每一个举动都指向了自己。相反，那些大大咧咧的人很少会生气，因为他们把鸡毛蒜皮的小事都无意地忽略掉了。说到底，一个人之所以容易生气，是太把自己当回事了。

05 冷静下来消消气

坏脾气就像一头凶恶的狮子，如果你不能控制它，那你终究会被它吞噬。

有一个男子因为一件小事而与邻居争吵起来，双方僵持不下，谁也不让谁。

"敢不敢与我一起去找村长评理？"男子气呼呼地问邻居。

"谁不敢啊，村长是最有智慧、最讲公道的人！"邻居也毫不客气。

两人于是找到了村长。

"村长，你来帮我们评评理吧，我那邻居简直就是一堆狗屎，他竟然……"男子怒气冲冲，一见到村长就如此大声抱怨道，但村长很快就打断了他。"不好意思，"村长说，"我现在有事情要忙，你们都先回去，明天再来吧。"

第二天一大早，那男子气鼓鼓地又来了，但不见与他争吵的邻居。

"村长，今天请你一定要帮我评出个是非来，那人说的话简直狗屁不通……"男子一见到村长就开始数落起邻居的不是，但语气明显比昨天好了很多。

没等他继续抱怨，村长就不紧不慢地打断他问："你的邻居怎么今天没过来呢？"

"哼，理亏的人哪有胆量过来！"男子冷冷地回答说。

"你邻居的怒气消除了，但你的怒气还在。你还是回去，等你心平气和的时候再来找我评理吧。"村长就这样又把他打发走了。

这次以后，那男子一连好几天都没来找过村长。

有一天村长出门买东西，在路上遇见了那男子，男子似乎已经忘了要找村长评理的事情了。

"你现在还需要我帮你评理吗？"村长微笑地问他。

"不用了，"男子羞愧地笑了笑，"我现在已经心平气和多了，那也不是什么大不了的事情，不值得我生气。"

"这就对了嘛，"村长说，"我不急于和你说这件事，就是想给时间你消气。"

卷三 别让愤怒掌控你的人生 | CHAPTER THREE

> **心灵人生**

人生气的时候几乎是没有理智的,这时所做出的行动将会是破坏性的。所以,不要在盛怒之时做出任何决定。控制脾气的第一步是正视它,然后是不停地在心里提醒自己,如果真的到了要发脾气的紧要关头,就让自己离开现场,找个安静的地方让自己冷静一下。

06 不要因愤怒一错再错

气愤就像一只喜欢惹是生非的猴子,只要你不理睬它,它自然就会无趣地走开。

森林浅水中生活着一群水牛,其中一头体格雄壮的水牛被尊称为"水牛王"。

有一天,水牛王带着牛群外出觅食,碰到了一只顽劣的猴子。猴子公然向牛群发起了挑战,甚至抓起石头向水牛王掷去。

"大王,这只猴子那么嚣张,不如我们好好教训它一顿?"被惹怒的牛群向水牛王请示道。

"千万别这么做,这只猴子之所以向我们扔石头,表明它心中有怨气,是值得我们怜悯的。"水牛王的好脾气是出了名的,所以它制止了愤怒的牛群。

猴子见水牛群不理会它，便无趣地离开了。

"大王，你为什么这样怯弱呢？"猴子走远后，有只水牛如此向水牛王问道。

"不是我怯弱，"水牛王答道，"我之所以能称王，不是因为我体格有多么的健壮，而是因为我有一颗包容的心。再说了，如果那只猴子一直死性不改的话，它的下场一定不会好。"水牛王说完就继续带着牛群觅食去了。

话说那猴子见水牛群不理睬它，以为自己天下无敌，便去挑衅一头饥饿的狮子。狮子本不想把猴子当盘中餐，但猴子的行为激怒了它，便猛地向猴子扑了上去……

心灵人生

打骂他人的人，他自己才是真正的受害者，因为他想通过这种行为来治愈心中的伤痛。对于这种人，有智慧的人一般会选择原谅他，但这种原谅充其量只有一两次。如果一个人不懂得收手，继续作恶多端的话，总有一天他会遇上不是那么有智慧的人，并最终受到教训。

07 微笑是生气的克星

玫瑰的尖刺让人望而却步，但为了得到娇艳的玫瑰花，必须给刺浇水。

日本矿山大王古河士兵卫年少时曾当过高利贷的催收员。

有一天晚上，古河到了一个客户家里催收贷款，但对方态度非常冷漠，根本没有还款的意思，只让他傻傻地坐在家里。贷款催收员都不讨人待见，不过这位客户并没有把古河赶走，而是自己熄了灯上床睡觉去了。

古河知道，客户一般都是吃软不吃硬的，于是便一直坐在那里，直到天亮。

第二天一早，那客户起床后发现古河仍坐在自己家里，看上去一夜未眠，心里很是惊讶。

"早上好，先生。"古河微笑着问好，丝毫没有生气的意思。

这位客户被感动了，立即好声好气地打个招呼问好，然后把贷款分毫不差地交到古河手中。

多年后，古河花了一笔钱，买下了足尾铜矿。

"这个古河肯定是疯了，这个时候买矿，不赔个倾家荡产才怪呢！"许多业内人士认为古河此举愚蠢至极，都纷纷如此嘲笑他。然而，古河却从来未把这些嘲笑放在心里，毅然而然地带领工人们挖矿。

然而两年过去了，所投入的资金已所剩无几，但铜灰也没让他们挖着，很多工人开始抱怨了，不少人还公开指责古河。面对大家的抱怨与指责，古河并没有生气，更没有动摇，而是继续坚持挖下去。终于在第四年，他们挖出了铜矿。

凭借着这种忍耐与坚持，古河士兵卫成为了日本赫赫有名的矿山大王。

心灵人生

任何生气都是不值得的，这不仅会让他人心情不悦，更会让自己变得紧张兮兮。当面对别人的嘲笑与指责时，那些气得捶胸顿足的人天生就是失败者，而那些对此付之一笑的人，通常都离成功不远了。如果你想要生气，请让自己微笑起来，因为微笑的力量才真正强大。

08 别让愤怒取代爱

当愤怒遮住了你的眼睛时，别忘了冷静地在心里写下你的爱。

夫妻俩因为一件小事大吵起来，吵着吵着逐渐把双方的陈年旧账都翻了出来，互相数落对方的不是。

丈夫心里十分清楚，如果和妻子一直这样吵下去的话，肯定不会有好结果，于是便主动逃离与妻子的敌对环境，转身来到了书房。丈夫随手从书桌上抓了两张白纸，走到妻子身边说："与其这样无休止地骂下去，不如把各自的'不是'都写下来吧！"

妻子长长地吁了一口气，扯过丈夫递给她的一张白纸便开始写了起来。丈夫气鼓鼓地望着妻子，过了几分钟也开始写了。写的时候，丈夫不时抬头望着妻子，似乎在回想妻子的各种"不是"。妻子也时不时地往丈夫那边望去，似乎也在回想着。

过了一会儿，夫妻俩觉得都把对方的"不是"列完了，于是停了笔。

"现在，我们交换着看吧？"丈夫说道。于是他们交换了各自写的东西。

然而，妻子只把丈夫写的那张纸看了一眼，就立即柔声道："快把我那张纸还给我吧，我要把它撕掉。"

原来丈夫那张纸上写的只有大大的三个字，那就是"我爱你"。

心灵人生

谁也不让谁的争吵将会是一个恶性循环，只有当其中一个人从矛盾中撤离才能将其终了。人在生气时所做的所有事情几乎都是错误的，只有给自己一点时间，让自己冷静下来才能恢复理智。能化解愤怒的东西永远是爱，因为在爱面前，一切愤怒都是幼稚的、可笑的。

09 可以输,但别输脾气

愤怒是一个你永远也赢不了的赌友,只要你一愤怒,最后输掉的总是你自己。

有个放牛郎平日不好好放牛,而是游手好闲、赌博成性,每次都输个精光。他最喜欢的是纸牌,然而这一天又输了,只好又气又恼地牵着牛上山去。

放牛郎把牛拴在树枝上让它吃草,自己则坐在一边的草地上回想今天赌博的事情:"怎么每次都会输呢?按理说,纸牌应该是一个比较公平的游戏才对,为什么我每次都输呢?"他越想越气,越气越不服气。"四个人打是输,三个人打是输,两个人打还是输,"他掏出随身携带的一副纸牌自言自语道,"我就不信一个人打也会输!"说着就津津有味地独自玩起了纸牌。

过了好一会儿,他听见身后有个农夫高声叫骂:"这是谁家的牛,把我家的麦苗吃光啦!"放牛郎转头一看,发现自己拴在树枝上的牛已经不见了,心下一惊,连忙扔下手中的纸牌,飞一般地向那叫喊的农夫奔去。

"糟糕,真的是自己的牛!"放牛郎看着自己的牛和那一片被毁掉的麦苗,心里顿时拔凉拔凉的。

"这头该死的牛是你的?"农夫大声问道。

"没错,"放牛郎战战兢兢地答道,"我赔钱给你吧!"

傍晚回家,放牛郎无精打采地牵着牛,不时地叹气道:"哎,没想到一个人打牌还是会输。"

心灵人生

人生是一场赢不了的赌博,有些东西我们总要失去。只要有东西失去,我们就难免要愤怒。愤怒的人可以说完全没有理智,这时最好不要有所行动,因为此时的理智已经被愤怒绑架了。为了不让自己全盘皆输,我们能做的就是控制自己的脾气,适可而止。

10 抽走盛怒之火

所谓怒火,自然是越挑拨它就烧得越旺,只有抽去木柴才能使其熄灭。

文彦博是北宋著名的政治家,他曾为了减轻百姓负担而裁军八万,被后人称为"贤相"。文彦博的"贤"不仅体现在他关心百姓的疾苦上,也体现在他宽大的肚量上。

文彦博在成都任益州知府时,有一天在家里宴请宾客。当时正值寒冬腊月,屋外大雪纷飞,文彦博与宾客们一直畅饮到夜深都还未散席。宾客们的随从士兵在屋外等候,因为天气寒冷,士兵中有人大发牢骚,竟把井亭拆了烧火取暖。

一位军校将此事报告给了文彦博，席上的宾客们听完后，个个都吓得直打哆嗦。

其时，文彦博在朝廷中身居高位，具有很高的权力和威望。宾客们自知管教部下无方，若文彦博追究下来，恐怕任谁也难逃干系。此时，宾客只能都呆坐着，汗涔涔地等待文彦博说话。

然而，宾客们没想到的是，文彦博神情自若、面带微笑地说："天气也确实寒冷，我们在屋里喝酒吃饭自然不觉得冷，但屋外的士兵却不同了，他们把井亭拆去了烧火取暖，自然也无可厚非啊。来来来，咱们继续喝酒吧！"

随从的士兵们本想借此闹事，但知道文彦博并不生气，他们也便泄了气。

虽然没有大发雷霆，但为了自己的威严，文彦博还是查清了是谁先动手拆井亭，然后把此人杖责一顿后押送走了。

心灵人生

遇到不平事时，愤怒不仅对事情本身毫无帮助，还会使事情复杂化。不管遇到什么事，重要的是使自己冷静下来，只有冷静才能想出解决问题的方法。同样一件事情，如果处理得当则可以消弭祸乱，否则会引发祸端。即使道理在自己这边，也要懂得给他人留条后路。

11 别让愤怒遮住了你的眼

愤怒使人盲目，即使有人完美无缺，但在愤怒者的眼里依然一无是处。

一天清晨，一个宁静小村庄里传来了两个老邻居的激烈争吵声。

"你干嘛在这里立栅栏，难道不知道占了我们家的地了吗？"一个邻居大声地说道。

"你胡说，我根本就没有占你家的地！"另一个邻居气愤地回道。

两人就因为栅栏是否占了地的问题争辩得面红耳赤、不可开交。他们的争吵声招来了其他村民的抱怨，也影响了大家的心情，于是村长便前来试图调解。

村长问清了他们争吵的原因后，找来了两张纸，在上面各写下了一句话，分别交给这对邻居。"为了解决你们之间的矛盾，"村长说，"我在纸上向你们提了问题，你们要把真实想法写在纸上，然后双方交换来看。"

一会儿，两人写好并交换看了之后，若有所思地默默离开了，如此平息了一场争斗。

其他村民们很困惑，纷纷问村长是怎么一回事。

原来，两张纸上都写了同一个问题，那就是：除了这块地，你最恨他什么？

CHAPTER THREE | 人生不必太计较
别再为小事抓狂

对于这个问题，其中一个邻居写道："我最恨他家的作坊，每天天不亮就开工，轰隆轰隆地响，吵得我和四周的邻居都得起得很早。"

另一个写道："我最恨他家不及时清理羊圈，如果有一阵风刮来，我家和四周的邻居都会闻到一股难闻的羊膻味，根本就没地方躲，平时连窗户也不敢开。"

"我们村向来邻里和睦，因为你们都懂得相互体谅，并非野蛮之人。"村长继续解释说，"你们当然也不是蛮不讲理的人，所以看了对方写的纸条后很快就明白，你们的不相容不在脚下的土地，而在心灵的那块土地。"

心灵人生

矛盾的产生不是一朝一夕的事情，争吵是矛盾积累到一定程度的最终结果。愤怒使人失去理性，既看不到对方的优点，更看不到自身的缺点，以为众人独醉我独醒。我们执着的不过是一己私利，我们所谓的道理不过是自己的妄念，我们心里容不下的不过是自己的偏见。

卷三　别让愤怒掌控你的人生　　CHAPTER THREE

12 生活就是一场考验

人生是一次漫长的修炼，在这个过程中，你一定要耐着性子，忍着怒气，善念善行。

传说猫想修炼成仙，必须要长出九条尾巴。

有一只猫一直在帮他人完成愿望，因为每完成一个愿望它就能长出一条尾巴。终于，在修炼了一百六十年后，猫有了八条尾巴。然而，等它继续做好事时，得到新尾巴的同时会有一条旧尾巴脱落，每次都如此。

猫绝望了，因为这是一个死循环。

有一天，猫无精打采地来了一棵槐树下，看见一群狼正围攻一个少年。"我救与不救他对我成仙都没有任何帮助，"猫沮丧地想，"但是，我不能眼睁睁地看着他被狼吃掉。"猫于是使出了点神力，把狼群打发走了。

"我是一只快成仙的猫，你有什么愿望我都可以帮你实现。"猫对少年如是说。

"你就是传说中的八尾猫？"少年兴奋地说，"太好了，不过我都还没报答你的救命之恩，怎敢奢求愿望？"

"不，你一定要向我说个愿望。"猫说。

"我还没想好，不如你暂时跟我住在一起，等我想好了再告诉你吧？"少年建议道。

为了帮少年实现愿望，猫便跟少年住在了一起。

也不知过去了多少年，少年始终没向猫提过他的愿望，猫只能无奈地待在少年身边。每当少年有什么灾祸，猫都会耐着性子去帮忙化解，并时时询问少年的愿望，但少年就是没说。

又过了很多年，原来的少年已经变成了白发苍苍的老人，猫终于耐不住性子了，怒气冲冲地问道："快告诉我你的愿望！"

"啊，也确实是时候了，"老人说，"我的愿望是，我希望你有第九条尾巴！"

心灵人生

我们在生活中所做的很多事情，看起来都是恶性循环，毫无意义，例如再努力也实现不了的目标。这时，我们会愤怒，会失去耐心，甚至会绝望、自暴自弃。生活是一场残酷的考验，它考验着我们的耐心与坚持。如果你已经坚持了很长时间，切忌让愤怒毁掉这一切。

13 别急着生气

一个能真正被称之为成熟、理性的人，都不会轻易地被愤怒所控制。

毕业后的一个雨天，小李回到学校探望邹教授。

卷三 别让愤怒掌控你的人生 | CHAPTER THREE

走到邹教授的办公室门口时，正好有个学生急忙忙地先小李一步走了进去。邹教授便让小李在外面的小客厅等他一下。小客厅和邹教授的办公室只有一墙之隔，那位同学激动的声音不时传入小李耳里。

原来，那位学生被一个研究生当众讽刺其理论过时、见识平庸，使其大为恼火。他大概是不知如何找对方理论，便找邹教授帮忙评理，引证自己的理论。

"有时候别人的言论是很难理解的，如果你不介意，我可以给你一个小建议。"邹教授慢条斯理地说，"批评和侮辱跟泥巴没什么两样。你看我大衣上的泥点，就是今早过马路时溅上的。如果我当时就去抹它，一定会搞得一团糟，所以我把大衣挂到一边，专心干别的事，等泥巴晾干了再去处理它，这时轻弹几下就没事了。"

"不愧是我一直敬仰的邹教授，好恰当的比喻！"小李心里赞叹道。

那学生也是聪明人，很快就明白了邹教授的意思，连连道谢。

"像我们搞学术研究的，脾气大都不好，总要较真，我年轻时就像你这样。"邹教授最后说道，"后来我发现，对于别人的质疑和嘲笑，最应该做的是将其晾在一边，等冷静下来再去处理它，就会起到事半功倍的效果。"

那学生再次谢过邹教授，走出去时小李见他如释重负。

心灵人生

愤怒是一种负能量极强的情绪，人一旦被这种情绪控制就会失去理智。事实上，我们愤怒的事情其实都是鸡毛蒜皮的小事，勃然大怒不过是特定情况下的一种过度反应。处理愤怒的最好方法是强制让自己冷静下来，只要稍等片刻愤怒就会自动消失，而你便成了情绪的主人。

14 我种下的不是愤怒

> 种花是为了得到花一样的心情，如果得到的是愤怒，那你种下的肯定是一棵毒草。

从前，有个富家公子很喜欢兰花，常常以"兰花公子"自居。

有一天，兰花公子听说千里之外有个年轻人也喜欢兰花，其所种植的兰花品种多样，芬芳四溢。兰花公子决定拜会这个年轻人。

临出发前，兰花公子对他的仆人千叮万嘱，要好好照顾院子里的百余盆兰花。

仆人们知道他们家的公子酷爱兰花，自然不敢怠慢，对兰花殷勤照顾。有一天深夜狂风大作，暴雨如注，仆人们由于一时疏忽，忘了将兰花搬回屋里。第二天清晨，仆人们走到院子一看，眼前的兰花早已被狂风吹得破败不堪。

几天后，兰花公子回来了，和他一起回来的还有那个同样也酷爱兰花的年轻人。

兰花公子一走进院门，竟不见自己日夜呵护的兰花，于是便神情凝重地找来仆人,大声问道:"我的兰花哪去了?"

仆人们知道无法隐瞒,便如实相告。

"你们好大的胆子!"兰花公子一听,顿时怒气冲天,"我不远千里把这位同我一样爱兰如命的公子请回家,就是为了让他欣赏我的兰花,现在你们这帮没用的仆人却让我的兰花被风吹没了!"

仆人们大气不敢出一声,战战兢兢地立在一旁。

见此情景,站在兰花公子旁边的年轻人摇摇头说:"人们常说,君子应如兰,但今天看来,公子你与兰花可差远了,根本配不上'兰花公子'之称!"

"我正在气头上呢,你居然如此讽刺我!"兰花公子依然火气十足。

"我种兰花是陶冶性情,而你种兰花却是为了生气。像你这样的朋友,不交也罢。"年轻人说罢骑上马,头也不回地走了。

心灵人生

人们常常喜欢把感情与志趣寄托在花草树木之上,以此来颐养性情,获得快乐。不以物喜,不以己悲的境界总是难以做到,大多数人都是以物喜,以己悲。不管是寄情于物还是了无牵挂,要记住的是,我们决定去做某事,最初的目的都是想获得快乐,而不是愤怒。

CHAPTER THREE | 人生不必太计较 别再为小事抓狂

15 你骂我不气

如果别人打了你的左脸，你应该把右脸凑上去让他一并打了。

在拿破仑一世时代，一位福利院院长为了给遗孤筹募基金而来到了一家酒店。

院长向酒店里的人们逐一问好，希望他们能为慈善工作尽一点心力。有能力、有爱心的人都纷纷掏出了口袋里的钱，确实窘迫的或者根本就不想捐款的，依然静静地坐着。院长微笑着感谢捐款的人，对没有捐款的也点头致谢。

在一个角落里，有三个衣冠整洁的人在玩牌，院长走上前去请他们为慈善工作捐献一点钱。出乎所有人意料的是，其中一人不但不捐款，还十分生气，不停地咒骂院长，要上帝降祸于院长，并朝院长脸上吐去了一口口水。

院长并没有生气，而是平静地取出身上的手帕，擦去面额上的唾沫，然后微笑着对那个人说："现在我的那份捐款已经得到了，先生，可是我的孤儿们能得到点什么呢？"

那人惊讶于院长的泰然自若，同时也为自己的行为感到羞愧，只好默不作声。过了好一会儿，那人才把手伸进口袋里，掏出了身上的所有钱，全部给了院长。

在座的每一个人见到这一幕,好像都知道此时鼓掌不合时宜,而是默默地向院长投去尊敬的眼神,最后目送他离开。

> 心灵人生

人们常常会有一种冲动,就是当别人辱骂自己的时候,几乎都会条件反射般地反唇相讥。人们之所以这样做,既因为辱骂让我们没了尊严,又因为心里不服气。其实,任何语言上的辱骂都无法给人造成任何实质性的伤害,相反,如果因此愤怒而大打出手,那么真正的伤害就会随之而来。

16 生气的只有你自己

当我们要大发雷霆的时候一定要想想是否有发脾气的理由,还是自己在生自己的气。

这是热带地区的一个水网密布小城,当地人的交通运输工具主要是船只。

有个小伙子开着小船逆流而上,他要给一个客人运送自己的农产品。时值盛夏,天气酷热难耐,小伙子已是大汗淋漓,再加上轰隆的马达声让他变得有点烦躁,只一心想着早点运送完货物,好回家凉快,便加大马力心急火燎地朝前开去。

突然,前面有另一只小船缓缓地顺流而下,迎面向小伙子的船开来。

由于小伙子的船速很快,他以为前面那只船会对他有所避让,但却出乎意料地直直朝他开来,像是要故意撞翻他的船一样。

"让开,快点让开!"两只船眼看就要撞上了,小伙子大声朝对面那只船喊道,"再不让开你就要撞上我了!"但小伙子的吼叫全然没用,好像对方并未听见一样。小伙子心下一惊,手忙脚乱地企图让开水道,但为时已晚,那只船还是重重地撞上了他的船。所幸的是,两只船都没翻下河里。

"你到底会不会开船!"小伙子生气极了,朝那只船厉声喊道,"这么宽的河面,你偏要往我船上撞,你是不是吃错药了!"过了一会儿,船上并没有任何回应。小伙子仔细看了看,吃惊地发现,那只船上竟空无一人。

原来,那只是一只挣脱了绳索、顺河漂流的空船!

心灵人生

气愤是一个难以控制的魔鬼,一旦气上心头,我们都会发了疯似的怒吼。然而,我们到底在为何而生气?我们做出的这些浮夸的动作到底是为了给谁看?生完气之后静下来想想,我们实际上是在生自己的气,夸张的言行举止从头到尾都只是一场没有观众的闹剧而已。

17 唯宁静无以制怒

愤怒是一种疾风骤雨般的情绪，等它平息后，剩下的一定是后悔。

1754年，当时还是上校的乔治·华盛顿率领其部下驻防亚历山大市，恰逢弗吉尼亚议会选举议员。有一名叫威廉·佩恩的人反对华盛顿所支持的候选人，于是两人对此展开了激烈的争论。

华盛顿出言不逊，说了一些极不入耳的脏话，佩恩听后火冒三丈、怒不可遏，于是挥起拳头一拳把华盛顿打倒在地。华盛顿的部下闻讯赶来，顿时群情激愤，纷纷要替华盛顿报一拳之仇。这时，华盛顿阻止了愤怒的部下，并说服他们平静地返回营地，一场一触即发的不愉快事件就此化解了。

第二天一早，华盛顿托人给佩恩送去一张便条，要求他到当地的一家小酒店会面。佩恩自知打人理亏，"他当时之所以不让部下来打我，一定是想与我单独决斗，以解心头之恨。"佩恩心里忐忑不安地猜测着，如此走进了酒店。

然而，让佩恩大感意外的是，迎面向他走来的华盛顿笑容可掬，手里拿着的不是手枪，而是向他递过来的一杯酒。

"佩恩先生，"华盛顿笑着向佩恩伸出手去，"谁人无过，知错能改即为俊杰。昨天的事情确实是我不对，你已经用行动挽回了面子，如果你觉得那已经足够,就请握住我的手,让咱们交个朋友吧!"

佩恩当时打人也是一时冲动,打完后心头就后悔了。此时华盛顿主动向他递来橄榄枝,他当然激动地伸出手去。

从此以后,佩恩成了一个拥护华盛顿的人。

心灵人生

人会在盛怒的时候做出一些过激行为,例如辱骂和肉搏。任何辱骂行为给对方造成的都是心灵上的伤害,但肉搏伤害的不仅是心灵,还有肉体。如果说骂人有理,那动手打人就毫无道理可言了。伟人不是不会生气,他们的伟大之处在于犯了错之后能主动认错道歉。

CHAPTER
FOUR

卷四
总有理由原谅他人

CHAPTER FOUR | 人生不必太计较
别再为小事抓狂

卷四
总有理由原谅他人

当快如闪电的愤怒爆发了之后,你以为自己的内心从此就可以恢复平静,但当你静下心来之后便发现愤怒已经炸开了仇恨。仇恨的可怕之处在于,它比愤怒更持久,当它占据了你的心灵时,你的世界便狭小得连自己都容不进去,只能整天活在痛苦之中。为了消除仇恨,你曾无助地挥舞刀剑,直到百转千回之后才发现,只有放下屠刀拿起宽容才能救赎自己的心灵。

卷四　总有理由原谅他人　CHAPTER FOUR

01 让爱取代仇恨

在一个充满仇恨的人心中，只有手中的刀是他的朋友，而天下人都是他的敌人。

终于，刀客站在了仇人的面前，只见寒光一闪，仇人的首级便跌落在地。

"我终于报仇雪恨了！"刀客仰天长啸。然而，报了仇的痛快并没持续多久，他的心中有丝丝难言的落寞。三年来，他心中只有"报仇"二字，而今大仇已报，但他却不知下一刻该往哪里走，不知自己活着还有何意义。

刀客沉思片刻，拿起刀，往山上的一座庙走去。

走到山腰上时，只见一个老和尚坐在一棵大树下，双目紧合，盘着双腿在打坐。

"大师，我报了仇之后忽然觉得生活全然没了意义，您能告诉我原因吗？"刀客走到老和尚身旁问。

老和尚并无任何反应,似乎什么也没听到。过了好一会儿,老和尚才睁开双眼,冷笑了一声说:"你这等粗野之人,全身上下都污秽不堪,你的双手,还有你双手握着的刀,都沾满了鲜血。像你这种人,根本没资格从贫僧口中得知什么!"

自己好声好气地请教,没想到却被大骂了一顿,刀客顿时气不可遏,扬手拔出刀来,迅如疾电般地往老和尚的脖子砍去。说时迟那时快,老和尚一个侧身便避开了这一刀,刀客没想到老和尚身手竟如此敏捷,额头不禁直冒冷汗。

"怎样,刚才那一刹那可有找到活着的意义?"老和尚微笑着问。

"是的,不过只有一刹那!"刀客深知老和尚武功远在自己之上,便不再动手。

"那为了让自己活得有意义,你是否要杀掉世上所有人?"

"在下不敢!"刀客恭敬地说,"请大师为在下指路。"

"真正让人活下去的,不是仇恨,而是爱与宽容。"老和尚说,"你心中虽已无仇恨,但亦无爱与宽容。人生的路应该怎么走,你自己再清楚不过。"

刀客略一沉思,丢开了手中的刀,从此住在了山上。

心灵人生

让人充实而长久地活下去的东西,从来都不是仇恨。人们口中常提到的"报仇",从来都只是一个无意义的词而已,因为仇恨永远也无法用手中的"刀"来化解。一个被仇恨占据心头的人，他的人生除了仇恨便一无所有，只有当他放下了仇恨才能重新找回活着的意义。

02 不是我的不勉强

前世的一万次擦肩只为了今生的一次回眸，虽然只深情对看了一眼，但那早已足够。

古时候，有个书生与一个美丽的女子相恋，女子说等书生中举后就嫁给他。

不久，书生果然考上了举人，高高兴兴地要迎娶女子过门，却得知女子早已嫁作他人妇。书生先是恨怒交加，大骂女子寡情薄幸，既而哀叹连连，最后竟大病不起。家人请来了大夫为他看病，但都无济于事，眼看奄奄一息。

一日，从远方来了一个和尚，得知书生的情况后决定点化一下他。和尚来到书生床前，从怀里摸出一面镜子要书生看。书生往镜里瞧去，只见苍茫的天地中有一具女尸，一丝不挂地躺在地上。女尸身边不停地走过很多人，他们都只是看了女尸一眼，摇摇头，然后走开。

有一个人朝女尸走来，书生定睛一看，那人正是自己！镜里的书生脱下了自己的长袍，小心翼翼地给女尸盖上，然后也走了。书生走后，很快又来了一个路人，他用手在女尸旁边刨了个坑，然后小心谨慎地把女尸掩埋了……

正当书生疑惑时，镜中画面瞬间切换。在红烛摇曳的洞房里，书生看到了他深爱的女子，但掀起她盖头的，不是他，而是另一个男人……

看到镜中的美丽娘子，但相公不是自己，书生悲从中来，大哭不止。

"那具女尸其实是你心爱的女子的前世，她今生与你相恋，不过是报答你的盖衣之情。"和尚收起镜子解释道，"她要回报一生的人，是那个掩埋了她的人，也就是她现在的相公。"

书生大彻大悟，心中的恨与哀顿时化成了深深的祝福。过了没多久，他的病好了。

心灵人生

人世间最痛苦的事情，莫过于"得不到"与"放不下"。我们都想得到心中所爱，但却常常得不到，因而由爱生怒，由怒生恨。明知该放下了，但我们却难以放下，终日牵挂于心，自己苦了自己。虽然无法得到长久的爱，但也无须怨恨，因为爱过了的，都应该心怀感激。

03 报复前，先审视自己

生活如同一面镜子，你想别人对你好，你要先学着对别人好。

有个满肚子怨气的年轻村妇走进了一家诊所。

卷四 总有理由原谅他人　CHAPTER FOUR

"请问你哪里不舒服？"医生问村妇。

"我不是来治病的，我是来求秘方的！"村妇目露凶光。

"那你想求什么秘方？"

"有什么东西可以毒死我婆婆的？"村妇瞪着阴森森的两眼，"我实在受不了她的虐待了！"

医生一听就明白了，笑着说："甜芋泥，你可以常给你婆婆吃甜芋泥，百日后无病自死。"

医生说完很快就把如何制作甜芋泥的方法详细地写了张单子递给村妇，村妇领过单子冷笑一声转身而去。

回家以后，村妇按照单子上所写的内容，买来了芋头、白糖、橄榄油、白芝麻等材料，亲手制作了甜芋泥，然后装作十分孝顺贤惠的样子端给婆婆吃。"哼，看不把你毒死！"村妇脸上笑着，心里却不怀好意。

百日过后，村妇哭着来到了诊所找医生，医生问发生了什么事。

"自从我给婆婆吃了甜芋泥后，她忽然改变了她的态度，变得对我非常和善，我现在不想毒死她了。可是她都已经吃了一百天的甜芋泥了，有什么方法解毒吗？"

医生听完笑着说："放心好了，你婆婆不会死的！甜芋泥不会毒死人，那不过是一道可口的点心。"

心灵人生

冤冤相报无时了，如果别人对你不好，你先不要想着报复，而要静下心来想想自己是否有做得不够好的地方。任何人都不会无缘无故地伤害他人，如果你被伤害了，一定意味着你曾伤害过他人。世界是美好的，如果你对别人好，别人自然就会对你好，没人愿意恩将仇报。

04 别恨那个你爱过的人

因为爱在心头，所以我们会去爱人，如果把爱变成了恨，那所有的爱将毫无意义。

他和她相爱了五年，就在该走进结婚礼堂的时候，他们却分手了。

分手是她提出的，一切都来得太突然。他没有问分手的理由，因为他知道一个想要分手的人能找出任何理由。尽管他一直都是个内心强大的人，但这一次，他真的受伤了，他真的要放纵一下自己。

KTV里，嘈杂的音乐，暗淡的灯光，呛鼻的烟味，还有一杯又一杯不停下肚的酒精，使得他暂时脱离了现实，忘记了自己那颗还在疼痛滴血的心。为了安慰他，几个哥们总要有意无意地对她骂几声，谴责她的负心。

当然是她负心！这五年来，他为了她付出了太多太多，他的世界只为她而转。

然而，他从来都不是一个脆弱的人。"我喜欢你，是因为在你身边我感到很安全，因为你一直都是个坚强的人。"她曾对他这么说过。"我们为什么要去爱一个人？不正是为了使对方得到快乐，使自己成为一个更好的人吗？如果付出一定要有回报的话，那这还是真正的爱吗？"他知道如果想要重新振作起来，就要释怀这一段感情，"如果付出不是为了得到对等的回报的话，那放手有何不可？"

当朋友为了让他心里好过而继续责骂她负心时，他常常会笑着阻止："或许她是对的，她肯定有自己的理由，谁会轻易地去辜负、伤害一个人呢？"

心灵人生

在爱情的世界里不要试图找理由，因为爱情总是难分对错。当一个人不爱你了，他能找出一万个不爱你的理由。不要轻易去恨一个辜负了你的人，因为这是对你自己的否定，也会让你彻底地成为爱情的失败者。不属于你的始终强留不住，你要做的就是潇洒放手。

05 退一步，静一静

误解起源于猜疑，当误解发展成仇恨时，只有坦诚与宽容才能化解。

有两兄弟在大米市场开了一家米店，他们都把米放在店门外。

有一天早上，哥哥起来发现店门外的米少了一袋，他记得弟弟昨夜起来过好多次，便怀疑是弟弟把米转移到了其他地方，想中饱私囊。面

CHAPTER FOUR | 人生不必太计较
别再为小事抓狂

对哥哥的怀疑，弟弟坚决否认，最后竟打了哥哥。哥哥一气之下要求退伙，很快就在不远处开了一家米店，发誓要与弟弟对着干。

新店开张的清早，哥哥一推开门就发现门口放着一个陶罐，里面装着几根骨头，这在当地是不吉利的象征。哥哥想这一定是弟弟做的，借此诅咒他生意落败。哥哥气鼓鼓地把陶罐扔在了路边，但随后觉得这样做怪可惜的，于是便把陶罐找回来，把里面的骨头放到一边，然后往陶罐里填上土插上了几株快枯死的花。

哥哥米店的生意不错，赚了不少钱，更让他高兴的是，陶罐里的花活过来了。看着这几株死而复活的花，哥哥开始为自己狭隘的心胸感到羞愧，决定向弟弟道歉。

在去弟弟米店的路上，哥哥遇到了邻居。邻居说自家的小孩有天夜里在外面玩，把一个准备泡药的陶罐和一副兽骨药弄丢了，问他有没有看见。当哥哥把陶罐和兽骨还给了邻居之后，邻居却给了他一袋米。

"这袋米是赔你们的。"邻居说，"因为人多手杂，有天晚上我的伙计糊里糊涂地拿了你们店的米卖给了一个客人，等我们清点时才发现搞错了。本想尽快赔给你们的，但是因为太忙忘记了。"

哥哥听邻居说完，顿时羞愧得无地自容，他不但冤枉了弟弟偷米，还心胸狭隘地以为弟弟要诅咒他。

哥哥来到弟弟的店里，把事情的来龙去脉都和弟弟说了，恳求弟弟的原谅。弟弟自那天打了哥哥之后，心里也相当后悔，于是兄弟俩重归于好，继续合伙卖米。

卷四 总有理由原谅他人 | CHAPTER FOUR

心灵人生

猜疑是世界上最恶毒的东西，本来三言两语便能道清的事实，却让猜疑从中作梗，最后将美好的感情变成仇恨。狭隘就像一座紧闭门窗的房子，它拒绝外面的灿烂阳光。只有学会退一步，让自己冷静下来才能唤来宽容之心，这时猜疑和狭隘就会无处可遁。

06 记仇枉为大丈夫

真正的君王总能不计前嫌，他们会团结一切可以团结的力量。

春秋时期，齐襄公被杀，齐国陷入了无君主的混乱状态。

齐襄公有两个兄弟，一个叫公子纠，当时身在鲁国；一个叫公子小白，是公子纠的弟弟，身在莒国。两个公子身边都有个师傅，公子纠的师傅叫管仲，公子小白的师傅叫鲍叔牙。通过眼线得知齐襄公被杀的消息后，两个公子都要急着回齐国争夺君位。

公子小白先起程，管仲害怕他先到临淄城，所以带领一队轻骑日夜兼程，终于在路上截住了其车驾。管仲见到公子小白，二话不说拉弓就射，小白应声而倒。管仲以为公子小白已死，就回报公子纠，叫他不用再拼命赶路。

没想到，公子小白是诈死，那一箭正好射在了他的带钩之上，未伤皮肉。骗了管仲后，公子小白翻身坐起，命人快马加鞭，终于在公子纠之前进入了临淄，水到渠成地成为了国君，这就是齐桓公。

齐桓公称王后，很快组建起了一支强大的军队，把鲁国不满自己的军队打压了下去。胜券在握的齐桓公感慨地说："公子纠是我的亲哥哥，我实在不忍心杀了他。但至于公子纠的师傅管仲，我必须将其手刃方解心头之恨。"

鲍叔牙和管仲是好朋友，他立即向齐桓公为管仲求情。齐桓公气愤地说："管仲拿箭射我，要我的命，这样的人还留着干什么？"

"当时他身为公子纠的师傅，他用箭射你正是他对公子纠的忠心。"鲍叔牙接着说，"如果您只想治理齐国的话，有我和大夫高傒就足够了，但如果您要称霸天下，非管仲不可！管仲到哪个国家，哪个国家就能强盛。"

齐桓公也是个明事理的人，为了日后称霸，他听从了鲍叔牙的话，让管仲从阶下囚直接升任为相国，齐国从此走上了王霸之路。

心灵人生

人与人之间的相处，难免会有冲撞。今天你打了他一拳，明天他一定会想方设法踩你一脚。被打的人自然疼痛难当，被踩的人也不好过，结果是两败俱伤。结束这种愚蠢行为的最好做法是宽容，因为只有宽容才能扼杀仇恨。

07 把世界装进心里

真正的王者之心,是一颗宽容之心。

1812年,拿破仑大帝率领大军远征俄罗斯。当时正值寒冷的冬天,加上俄罗斯人民的坚决抵抗,拿破仑的军队不是战死就是冻死。拿破仑见大势已去,只好逃回法国。

狼狈的拿破仑逃到了法国的一个小镇上,想找一个旅馆落脚,但却不认识路,见到路边站着一个军人,便走过去问:

"朋友,你能告诉我去旅馆的路吗?"

这军人嘴里叼着一支大烟斗,斜着眼把落魄的拿破仑打量了一番,然后傲慢地回答说:"朝右走!"

"请问还要走多久呢?"

"半个钟头!"

拿破仑听后便抽身往右走,没走几步就忽然走回来,微笑着问:"不好意思,如果你允许的话,请问你的军衔是什么?"

军人吸了一口烟,把脸侧向一边,冷冷地说:"你猜猜看!"

"中尉?"

军人摇摇头。

"上尉?"

"还要高些！"军人摆着一副得意的样子。

"那么，你是少校？"

"没错！"军人高傲地回答。

拿破仑听后敬佩地向他敬了个礼。

"那请问你是什么军衔啊？"军人反问拿破仑。

"你猜？"拿破仑笑着说。

"中尉？"

"不是。"

"上尉？"

"也不是。"

"这么说你是一名少校啰？"军人走近仔细看了看拿破仑。

"继续猜！"

少校听了一惊，连忙拿下烟斗，高傲的神色一下子从脸上消失了，改用十分尊敬的语气低声问："这么说您是部长或将军？"

"差不多了。"

"难道您是陆军元帅？"军人有点结巴了。

"我的少校，恐怕还要再猜一次。"

"陛下！"军人猛地跪在拿破仑面前，"陛下，请饶恕我吧！"

"饶恕你什么，我的朋友？"拿破仑笑着对他说，"这次远征俄罗斯失败了，应该被饶恕的是我。况且你已经告诉了我方向，我还应该感谢你呢！"

卷四　总有理由原谅他人　CHAPTER FOUR

心灵人生

一场战争虽然打败了，但作为王者的风范依然屹立不倒，他才是真正的赢家，他心里装着的是整个世界。王者只会马不停蹄地南征北战，而不会为了一两句无关痛痒的话停下脚步。王者之心固然宽广无比，但常人只要懂得了谦虚与宽容，也能被称之为王者。

08 宽广的内心无敌人

不要把朋友错当成了敌人，我们身边的朋友永远比敌人多。

迈克尔·乔丹素有"空中飞人"之称，被认为是全球最优秀的篮球运动员。"最优秀"这三个字乔丹当之无愧，不仅因为他的球技，还因为他的为人。

斯科蒂·皮蓬为芝加哥公牛队效力时，曾在一场决赛中独得了33分，超过乔丹3分，成为公牛队首次超过乔丹的球员。比赛结束后，乔丹与皮蓬两人紧紧拥抱，泪光闪闪，因为只有他们才知道这个好成绩是怎么来的。

当时，皮蓬被认为是公牛队最有希望超越乔丹的新秀，他因此常常对乔丹露出不屑一顾的神情，还常说乔丹某些方面不如自己。但乔丹并没有把皮蓬当成威胁而排挤他，反而对他处处加以鼓励。

CHAPTER FOUR | 人生不必太计较
别再为小事抓狂

"我们的三分球谁投得好?"有一次乔丹问皮蓬。

"你明知故问,当然是你了!"皮蓬不大高兴,因为乔丹的三分球成功率要比他自己的高出两个百分点。

"不!"乔丹微笑着纠正道,"你投的三分球动作规范、自然,比我有天赋多了,而我投三分球总有很多弱点。此外,我扣篮的时候多用右手,只能习惯地用左手辅助一下,而你却左右手都行!"

乔丹说的这两点,连皮蓬自己都没意识到,他深深地被乔丹的真心所感动。从那以后,皮蓬把乔丹当成了自己最好的朋友。

在皮蓬后来的职业生涯中,他与乔丹一起拿到了6枚总冠军戒指,这是NBA历史上的一个神话。实际上,正如乔丹所说的,皮蓬并不比他差。皮蓬曾7次入选NBA全明星赛,1994年获得NBA全明星赛最有价值球员,2010年入选了NBA名人堂。

心灵人生

所谓敌人,就是利益对立的双方。人生没有永远的敌人,因为对立的利益会随着时间而转变。比敌人关系持久的是友谊,因为友谊可以相对独立地脱离利益而存在。建立友谊的基础是信任,是宽容,是理解,因为这些品质要比利益更单纯,更纯粹。

09 原谅他人就是宽恕自己

宽恕就像一朵花，别人狠狠地把它踩在脚下，它却让把自己的花香留在了别人的脚跟上。

有个妇人得了间歇性精神病，每到黄昏的时候都会拿着菜刀、棍子在家门口大吵大闹，不了解的人都以为她正在和别人吵架，而知道内情的人则嘘唏不已，因为她不发作的时候温文尔雅，是一个好妻子，更是一个好母亲。

"我不甘心"、"你这疯人，总有一天会遭报应的"、"你出门就给车撞死"……这样的话是她最常骂的，她口中的"你"原来是她信任的一个好朋友。有一次这个朋友向她借钱，朋友拿了钱之后就逃了，像人间蒸发了一样怎么也找不到。

妇人无法接受这个事实，将怨气积在心中，十多年下来就成了这个样子。

宽恕一个人并不容易做到，特别是当这个人对你造成了无可挽回的损失时。不容易做到并不代表不能做到，但你必须做到。

澳大利亚人山迪·麦葛利格原本有一个幸福的家庭，但在1987年1月，一名精神病患者持枪闯入他家，将他的三个正值花样年华的女儿射杀了！

CHAPTER FOUR | 人生不必太计较
别再为小事抓狂

瞬间失去三个亲人，山迪的这种悲痛无人能体会。于是，悲痛转化为仇恨，山迪恨不得将这个精神病人碎尸万段。但这样能解除他的痛苦吗？不能，他深知仇恨所带来的将会是更长久的痛苦。为了使自己的生活回归正轨，他选择原谅那名患精神病的凶手。

山迪选择原谅是为了自己，因为只有这样他才能好好活下去。

心灵人生

人生难免会遭遇一些不公平的待遇，很多人像野兽一样发狂发疯，觉得非要报复才能解心头之恨。然而，报复了就能重拾往日的幸福吗？让仇恨占据心灵的人，不是变得坚强了，而是变得软弱了。原谅别人就是原谅自己，只有释怀了自己才能找回自我。

10 饶恕他人，成就自己

路遇不平有时并不需要大打出手，咳嗽一声转身走开或许才是最好的做法。

春秋时期，各诸侯国战乱不断，楚庄王平定叛乱后宴请群臣。

宴席上不仅有肉，还有美酒，大臣们一高兴竟吃到了日薄西山。平时大臣们一到太阳落山也就要准备休息了，但这次楚庄王很慷慨，示意让人点起灯烛继续上酒上菜，还命令他最宠爱的美人许姬和麦姬轮流为

卷四 总有理由原谅他人 CHAPTER FOUR

大家敬酒。

忽然一阵夜风吹起，把朝堂上的蜡烛尽数吹灭，一下子漆黑一片。这时，正在弯腰倒酒的许姬忽然被一只大手拽了过去，一张醉气熏天的嘴巴随即向她凑了上去。许姬临危不乱，一甩手，把对方头盔上的帽缨扯了下来。

许姬羞红着脸匆匆回到座位上，在楚庄王的耳边悄声说："刚才有人乘机调戏我，我把他的帽缨扯下来了。你赶紧叫人点起蜡烛，看谁没有帽缨就知道是谁了。"然而，楚庄王听了却说："难得今日大家欢聚一堂，我一定要和各位一醉方休，来，大家都把帽子脱了痛饮一场！"

臣子们都没戴帽子，自然就不知道是谁非礼了许姬。

三年后，楚国与晋国大战，楚庄王的一位将领独自率领几百人，奋不顾身地为三军开路。

战争间隙中，楚庄王拉住这位将领好奇地问："我并没有特别优待你，你为什么愿意为我赴汤蹈火？"这位将领回答说："三年前的宴会上，我就是那个被扯去帽缨的人。大王当日不杀我，我就下了决心誓死效忠大王！"

心灵人生

人非圣贤，孰能无过。既然人人都有犯错的时候，为什么不给他人一个改过的机会呢？与其一味地责骂，还不如多点宽容，因为宽容不仅是给别人机会，更是为自己创造了机会。一个得到了宽容的人，如果他良心未泯，那么他会把这份恩情记在心上，日后加倍报答。

11 一德足以报千怨

面对不平，以牙还牙未必是最可怕的打击，宽容才是真正有力的武器。

战国时期，梁国与楚国相邻，在边境上都各自设有哨所，分派士兵看守。

为了自给自足，两国士兵都在自己的地界里种了瓜。梁国的士兵十分勤劳，经常打水灌溉他们的瓜田，瓜秧长势非常好；楚国的士兵十分懒惰，任由一地瓜秧自生自灭，惨不忍睹。

楚国与梁国素来颇有敌意，其边境县令见自家的瓜长得差，觉得没面子，就责骂士兵们。士兵们心里气不过，趁着夜黑风高把梁国的瓜秧都扯断了。过了两天，梁国士兵发现自己的瓜秧都枯死了，把情况报告给了县令宋就。

"他们把我们的瓜秧都扯断了，我们应该以牙还牙！"梁国士兵非常气愤。

"这怎么行呢！"宋就说，"仇恨是扯不断的秧苗，别人干坏事你也跟着干，怎么心胸这么狭小？你应该这样做：你每天夜里悄悄地去灌溉他们的瓜田，不要让他们知道。"

梁国士兵领了命，每天夜晚都偷偷地灌溉楚国的瓜田。

| 卷四 总有理由原谅他人 | CHAPTER FOUR |

楚国士兵每天早上去瓜田巡看,发现瓜田都已经浇过水了,瓜也一天比一天长得好。楚国士兵觉得很奇怪,就时刻留心,最后发现是梁国士兵干的。楚国士兵把这件事告诉了他们的县令,县令很高兴,于是详细地报告给了楚王。

楚王听后很惭愧,把这事当成了楚国的耻辱。"你去调查一下是哪个士兵把人家的瓜秧扯断的,看看他们是否还干了其他坏事。"楚王气愤地对主管官吏说,"梁国人之所以这样做,是以一种宽容的方式在责备我们啊!"

楚王深感梁国人修边睦邻的诚心,给梁王送去了重礼以表歉意。后来,这一对敌国成了友好邻邦。

心灵人生 🔍

以牙还牙是人际交往中的下策,这只会让矛盾像一只皮球一样反弹回来,如此无休止地反弹下去。真正明事理的人都懂得,如果别人以宽容来对待他的过错,那么这种宽容将是一种无声的责骂。只有认识到了这种责骂,有了过错的人才会心悦诚服地改正,矛盾便止于此。

12 慈悲之心明如月

当你包容了一个人的过错时,将会有更多的人因为你的博大胸怀而悬崖勒马。

这是深山里的一座禅院,红色的矮墙将禅院环围了起来。

中秋的夜晚,一轮明月挂在天边,皎洁的月光照亮了矮墙的每一个角落,投下了斑驳的树影。一位老禅师趁着月色在禅院里散步,当他踱着步子来到了墙角边时,发现那有一张椅子。"中秋月圆之夜,肯定是哪个小和尚闷得慌越墙出去游玩了。"老禅师心想。

老禅师立在墙角边,看看天色:"时间不早了,越墙游玩的人应该回来了。"果然,从墙外传来了几句愉快的交谈声,渐行渐近。"山下的街市热闹极了,那烟花真美,要是今晚也待在禅房里,那可真要闷死了。""不过,虽然山下热闹,但我们还是要尽早赶回去。"

老禅师听到他们的对话,不禁微微一笑,移走了那张椅子,自己在原处蹲了下去。

一会儿,一个小和尚翻墙而入,在黑暗中踩着老禅师的脊背跳进了院子,然后是第二个,第三个。

当他们双脚落地的时候才发现刚才踩着的不是椅子,而是自己师父的脊背,顿时惊慌失措,一时说不出话来。

然而，老禅师并没有责备他们，只是平静地说："秋夜天凉，不要在此多逗留，快回去早点休息。"

三个小和尚既尴尬又感动，向老禅师点点头齐声说："我们这就回去，师父您也早点休息。"说完就回去了。三个小和尚回去后把事情告诉了其他师兄弟，他们听了都若有所悟。

后来，不管是节日还是平常夜晚，都没人越墙外出游玩了。

心灵人生

一切错误都能被原谅，就看你愿不愿意。面对别人犯下的错误，你当然可以选择责骂，但你一定要清楚，责骂的结果可能会激发起对方的愤怒。原谅错误虽然也有可能使错误扩大，但至少这种错误不会泛滥成不可控制的。一个懂得宽容的人，他时时处处都能微笑着面对人生。

13 宽容无需衡量

第一次放过敌人是人道主义，第二次放过敌人则是宽恕，这是一种更崇高的情操。

在拿破仑执政期间，对外战争连绵不断，掠夺了被占领国家的财富，沉重地打击了当时欧洲各国的封建统治，激起了不少国家的不满，例如瑞典。然而，丹麦是支持拿破仑的，所以丹麦便向瑞典宣战。

CHAPTER FOUR | 人生不必太计较
别再为小事抓狂

1808 年，丹麦攻打瑞典，一场激烈的战役过后，丹麦占领了瑞典的斯堪的纳维亚。

硝烟平息了之后，一个丹麦士兵疲惫地坐下来，取出水壶准备喝水。这时，他忽然听到不远处传来了一阵痛苦的哀嚎声，循声望去，只见前方躺着一个受了重伤的瑞典士兵，正眼巴巴地看着他手中的水壶。

"虽然是敌人，但他此时身受重伤，明显比我更需要喝水。"丹麦士兵没多想就站起身向瑞典士兵走去。丹麦士兵仔细看了看对方，"看样子他是没办法自己喝水了。"于是，丹麦士兵便俯下身子把水壶送到对方口中。就在这时，对方冷不防地伸出长矛向他刺去，他本能地躲了一下，幸好只伤到手臂。

"我好心拿水给你喝，你竟然如此回报我！"丹麦士兵大吃一惊，"我原本要把整壶水给你喝的，现在只能给你一半了！"说着自己先把一半水喝了，然后再让瑞典士兵喝。这下，瑞典士兵咕噜咕噜地把水喝完了，没再动手伤人。

后来，丹麦国王知道了这件事，特别召见了这个丹麦士兵："你为什么不把那个忘恩负义的家伙杀掉？"

"我不想杀受伤的人。"他轻松地回答说。

心灵人生

当我们选择原谅一个人时，或许并非因为他值得被原谅，而仅仅只是因为自己的一片好心。选择原谅他人是有风险的，这意味着我们会遭受第二次的欺骗。然而，宽容是一个无法单纯用值不值得来衡量的行为，只要你选择了宽容就意味着你把砝码放在了道德的那一端。

14 还心灵一片阳光

如果每个人都能接纳世界、宽容他人，那么这个世界将不再有丑恶。

一位母亲带着读小学四年级的儿子，坐地铁去拜访一位朋友。

在一个站点上，挤进来一个背着大包的年轻人。年轻人在转身的时候，无意间背上的大包把这位母亲撞到了一边。"妈妈，你没事吧？"儿子关切地问，同时恼怒地看了一眼那年轻人，嘴里喊了一句，"走路不长眼啊！"

母亲没想到儿子说出了这样的话来，严肃地看着儿子说："你怎么能这样说话？这位哥哥又不是故意的！"年轻人知道是自己不小心，连连向这位母亲道歉。儿子知道自己不该骂人，惭愧地低下了头。

几天后的傍晚，母亲到学校接儿子回家，发现儿子的额头肿了一块。母亲很心疼，便问发生了什么事，但儿子没有说。母亲问了班主任，班主任也很纳闷，因为他并没有报告过，也没哭过。

"告诉我你额头上的伤是怎么来的？"回到家敷伤口的时候，母亲问儿子。

"我可以告诉你，但你要保证不能向班主任打报告！"儿子认真地看着母亲说。

"好，我向你保证。"

"是我的同桌不小心打到的，他已经很害怕很自责了，如果我告诉班主任的话，他会受到处罚的。"儿子小心翼翼地说。

母亲想起了那天在地铁发生的事情，现在听到儿子能这样说，她非常高兴，摸着儿子的头说："你能谅解别人，妈妈很高兴！"

心灵人生

这个世界并非一开始就有仇恨，仇恨是一点一滴积累起来的。如果一个人的心灵被扭曲了，那就意味着仇恨的毒草已经在他心里生根发芽了。幼小无知的心灵是仇恨最好的温床，而将仇恨扼杀在摇篮里的最好方法就是宽容。只有相信世界是美好的，我们的心灵才能阳光明媚。

15 给个机会让浪子回头

虽然有些错误难以被改正，但犯了错误的人总能被原谅。

深秋时节，深山古刹里的晨钟毫不爽约地响起，一个小沙弥推开庙门，蓦然见到一个男子跪在地上。

"弟子求见方丈大师！"男子开口第一句话如此说道。

小沙弥回报方丈，方丈一听，似乎知道男子是谁，长叹一声来到庙门前。

二十年前，男子是庙里的小沙弥，悟性极高，深得方丈的喜爱，方丈将所学佛法悉数传授于他，希望他日后能光大佛法。然而，怎奈他尘心未了，抛下一句"若不历经风花雪月便无资格说看破红尘"便不顾劝阻下了山。多年来，曾经的小沙弥已经变成了一个风流浪子，奸淫掳掠无所不为。

"师父，这些年我花红酒绿，纵情声色，终于明白尘世间一切都是梦幻泡影。恳请师父饶恕我，再次收我为弟子吧！"男子跪在地上恳求道。

"太迟了，"方丈叹了口气摇摇头，"一入红尘深似海，你已经犯下了种种罪过，必将入地狱，要想佛祖饶恕你，除非——"方丈信手指着庙前的一棵海棠树，"除非明日海棠花开。"

海棠花在春天才开，但此时是落木萧萧的秋天时节，男子只好伤心地离开了。

第二天的晨钟再次响起，小沙弥推开庙门，顿时被眼前的景象惊呆了——海棠树上开满了粉红色的花，花香随秋风四下飘散。

方丈出来一看，瞬间明白了。他连忙下山寻找那男子，但已经来不及了，男子重新堕入纸醉金迷的荒唐生活。而海棠树上的花，只开放了短短的一天。

一年后，方丈圆寂，圆寂前他写下了这么一段话：世界上没有什么错误不能被改正，没有哪个浪子不能被宽恕。一颗向善的真心，是最罕见的奇迹,它能让秋天的海棠开花。

心灵人生

人们常常不听"老人言",即使前面有一个大坑也要义无返顾地走上去,只有真正跌倒了才懂得疼痛。常言道,"浪子回头金不换",如果一个十恶不赦的人终于诚心悔改,那这一定是世界上最难得一见的奇迹。既然有这种奇迹发生,为什么不能宽恕这样一个犯了错的人呢?

16 爱比恨更容易

如果伤害了你的人还在,那你应该感到庆幸,因为你还有原谅他的机会。

在他八岁那年,他跑到厨房里捣乱,正在炒菜的妈妈不小心把锅从煤炉上碰下来,滚烫的油溅上了他的下巴,从此留下一道难看的伤疤。

小时候,同伴们常常嘲笑他的伤疤;长大后,他喜欢上了一个女孩,但女孩拒绝了他,理由是他下巴的伤疤太难看;毕业后,因为难看的伤疤他总是难以给面试官留下好印象。他沮丧到了极点:"如果她当年小心一点,我就不会是今天这个样子了!"他一气之下,暂住在了一个好友家里,扬言说永远也不回家了。

这是他唯一一个可以称得上"哥们"的好友,不仅处处关心着他,就连其家人也把他当成了自己的儿子来看待。然而,他下巴的伤疤实在太明显了，好友的奶奶终于问到了伤疤的事情。

"小伙子，能告诉我你下巴的伤疤是怎么来的吗？"老人慈祥地问。

老人的慈祥与微笑让他有了一种倾诉的冲动，于是便把伤疤是怎么来的，这伤疤又是如何让他绝望，他又有多痛恨自己的父母，都一一告诉了老人。

老人听完了他的倾诉后，略微沉默了下问："你真的无法原谅你的妈妈？"

"对！"他坚定地答道。

"孩子，你来这里的这几天，没见过他爷爷吧？"老人顿了顿说，"他爷爷去世之前，脾气一直都很坏，稍有不顺心就会大吵大骂。有一次我就因为炒菜时放多了点盐，他就打我，把我的两颗门牙打掉了。我恨他，他也没向我道歉，直到弥留之际才回忆起这件事，叫我原谅他。我刚说完'我原谅你'他就走了。孩子，如果有一天，你的妈妈离开了你，你是否愿意看着她带着遗憾离开？"

听老人说完，他眼眶红了。

他走回房间拿起电话，是给妈妈打的，他已经很久没打过了。

心灵人生

其实，恨一个人才需要勇气，特别是要把这个人恨一辈子。虽然原谅一个人也很难，可能要经历很长时间，但很多时候原谅一个人就是一句话，只要把那句话说出来了，曾经的仇恨就能烟消云散。恨从来都解决不了问题，只会让心头原本有爱的人永远被禁锢住。

17 宽恕一颗自责的心

只要一个人心怀善念，即使他无意犯下了错，也应该被原谅。

一名小男孩被歹徒劫持了，特警们马上展开营救行动。然而，由于情报的错误，警官霍尔只救出了四个人质，而小男孩却被歹徒残忍地杀害了。

"警官，我们的儿子怎样了？"小男孩的父母冲进人群中焦急地问霍尔警官。

霍尔不说话，只是神情怆然地摇摇头。这对父母的脸刷地变得苍白，先是绝望了一会儿，然后揪着霍尔警官不停地摇晃："把儿子还给我们，把儿子还给我们！"

面对小男孩的父母以及媒体的责难，霍尔警官忍着自责的心情，在小男孩的灵柩上放上了 11 朵洛丝玛丽的玫瑰花，这代表"死的怀念"的意思。

很快六年过去了，小男孩的父母收到了 66 朵洛丝玛丽。

"亲爱的，我们应该原谅霍尔警官了。"妻子对丈夫说，丈夫点点头。

第二天，夫妻俩找到了霍尔警官。

此时的霍尔已经变成了一个肮脏的酒鬼，六年的自责让他过得生不

卷四　总有理由原谅他人　CHAPTER FOUR

如死。霍尔住在一个教堂的后院，在那个破旧的小院子里，夫妻俩发现了大片的洛丝玛丽。

"霍尔警官，"小男孩的母亲问，"你还在责怪自己吗？"

"我无法逃避自己的责任！"霍尔有气无力地答道。

"你还记得当年你救出来的那四个人吗？"小男孩的母亲继续问。

"可是你们的孩子我却无法救出来！"霍尔红着眼眶说。

"你救出来的四个人，一个叫赫德森，是一家证券公司的经理，他的第三个孩子就要出生了；一个叫吉米，刚从美术学院毕业；一个叫鲁比，是一个演员；还有一个是菲斯太太，她是一个快乐的家庭主妇！"小男孩的母亲说，"因为你救了他们，所以他们才有今天幸福的生活。"

"我们已经原谅你了，"小男孩的父亲补充道，"现在该你原谅你自己了。"

霍尔抬起头看着他们，含着泪点点头。

心灵人生

有时一个人犯下的错误，即使忏悔一生也难以弥补，因为这个错误导致的失去永远也追不回来。然而，真正能被原谅的人不是因为他忏悔了多久，而是因为忏悔本身。既然再滔天的过错都能被原谅，那么再深刻的仇恨也能被放下，只要被伤害的人有一颗宽容的心。

18 以怨报怨终害己

如果对曾经伤害过你的人加以报复，那么这种报复迟早会降临到你自己的头上。

一天，一位年轻的画家像往常一样在集市上卖画，不远处走来了一位富家公子。

画家一眼就认出了这位公子，因为公子的父亲曾在多年前骗走了画家的父亲一大笔钱，老画家受不了打击，最后一命呜呼。

公子看中了一幅名为《父子俩》的作品。"年轻的儿子背着年迈的父亲，正向一轮夕阳缓缓走去，地上留下他们长长的背影，画得真是太好了！"公子对着画作赞叹了一番，"你这幅画要多少钱？我想买下来送给我父亲作为生日礼物。"

"这幅画不卖！"画家冷冷地说。

"为什么？"公子十分不解。

"不为什么！"

公子只好失望地走了。

原来，画里的父子正是画家与他的父亲。一天傍晚，气得病倒了的父亲突然想出去走走，画家便背起了他，于是就有了这么一幅画。

公子回去后，心里日日惦记着那幅画，最后竟病倒了。公子的父亲

卷四　总有理由原谅他人　CHAPTER FOUR

知道了原因后，便拿着重金来求画。

"要给你多少钱才肯卖给我这幅画？"公子的父亲问画家。

"哼，你终于来求我了！"画家冷冷地说，"你还记不记得当年你害死了我父亲？"

"胡说八道，我什么时候害死了你父亲？"

"不管你承不承认，现在你儿子病倒了，就是我对你的报复！"

画家很得意，因为他终于报复了这对父子。

然而，有一天发生了奇怪的事情，画家正画着一幅人像的时候，忽然见到画里的人正狠狠地对他瞪着眼睛，他吓出了身冷汗，害怕得把画笔也扔了。

从此以后，画家再也画不出一幅好作品，每当他拿起笔来都会看到画布上有人瞪着他。

"啊，我明白了，"画家叹了口气，"这就对我的报复！"

心灵人生

当别人伤害了我们时，我们便带着仇恨生活下去。当我们把这种仇恨成功地报复在他人身上时，我们随即就会发现，原先的仇恨已经替换为自责和内疚，并继续折磨着我们。既然仇恨和报复的最终结果都是伤害自己，那么我们唯一的选择便是宽恕他人，宽恕自己。

19 让仇恨随风沙而去

别人对自己的伤害，应该忘记它；别人给过自己的恩惠，要长久地记在心里。

两兄弟结伴到沙漠中探险寻宝，路途中因为一件小事而争吵起来，哥哥一气之下打了弟弟一记耳光。弟弟深受委屈，一言不发地走到帐篷外，悄悄地在沙子上写下：

"今天哥哥打了我一巴掌。"

兄弟俩继续跋涉，不久走进了一片绿洲。绿洲上有一口池塘，池塘周围水草丰茂，兄弟俩高兴地到池塘边喝水休息。忽然，哥哥听到弟弟一声大叫，原来弟弟不小心掉到池塘里去了，正往泥沙里慢慢沉下去。

哥哥急中生智，连忙用一根枯木把弟弟拉了上来。心情平定下来后，弟弟用刀子在一块石头上刻下这样一句话：

"今天哥哥救了我一命！"

喝了水恢复了体力之后，兄弟俩继续赶路，直到找到了宝藏。但是，宝藏并不多，兄弟在分财宝的时候，因为数目不均又吵了起来。

"哥哥救了我的命，如果没有他，我就不会站在这里。"弟弟心里想了下，然后对哥哥说，"哥哥，财宝我全部都给你，不过在此之前我们要合力把财宝带出沙漠。"

哥哥点头同意了。

等兄弟俩带着财宝回到了家之后,哥哥问弟弟:"在沙漠上时,为什么我打了你后,你要写在沙子上,而我救了你,你却写在石头上呢?"

弟弟笑着回答说:"因为你打我不过是件小事,写在沙子上风会吹走它;你救了我,这是一件大事,所以我要刻在石头上,刻在心里,永远记得它。"

"好弟弟,"哥哥动情地说,"让我们以后不分彼此吧,这些财宝是我的,也是你的。"

心灵人生

怨恨是一种强大的负面情绪,如果长久地记着就会造成严重的心理负担。感恩是一种催人向上的力量,如果你受过别人的恩惠,即使无力回报也应该长久地记在心上。今生能成为兄弟,一定是上辈子修来的福气。所谓兄弟如手足,失去任何一方都是不完整的人生。

20 宽容是唯一正确的选择

报复行为就像一股打在弹簧上的力量,力量越大则越容易反弹而伤害到自己。

八岁的儿子气冲冲地回到家,对正在院子里忙活的父亲抱怨道:"爸爸，同桌今天欺负了我，我非常生气！"

"那你打算怎么做？"父亲放下手中的活儿，站起身问。

"同桌让我在其他同学面前丢脸，我也要让他遇上几件倒霉事才行！"儿子嘟着嘴说。

"儿子，你确定这样做会让你好受点吗？"父亲认真地看着儿子说。

"没错！"

"那好，咱们来做个游戏。"父亲说着指着面前的晾衣架说，"看到了吗，上面挂着一件爸爸的白色衬衫，我这里又刚好有些烧烤用的木炭。你把木炭当成倒霉事，用它去砸白衬衫，每砸中一块就表示你同桌遇到了一件倒霉事，我们看看你把木炭砸完了会是什么样子。"

儿子觉得这个游戏很好玩，便拿起木炭往衬衫上砸去。

"你现在觉得怎样？"过了一会儿，父亲问儿子。

"累死我了，但我很开心，因为我往白衬衫上砸出了几个黑印子了。"儿子高兴地说。

"嗯，不错，那就表明你达到目的了。"爸爸说着把儿子带到了浴室的镜子前，"你看看你现在是什么样子？"

儿子对着镜子一看，竟然发现自己全身上下都黑咕隆咚的，吓得大叫了一声。

"儿子，爸爸这样做是想让你明白，你如果因为仇恨而要报复别人，别人虽然倒霉了，但我们身上同样会留下难以消除的污迹，会让你变得十分难看，知道不？"

卷四 | CHAPTER
总有理由原谅他人 | FOUR

心灵人生

因为仇恨而报复某人从来都不是一种理性的行为，因为如果这样做了，行为所带来的结果同样会报复在我们自己身上。这个世界是公平的，其公平性就在于我们如何对待他人，他人就会如何对待我们。我们都不希望自己被伤害，如果想达成这一目标，我们只能宽容他人。

CHAPTER
FIVE

卷五
放空两手才能拿得更多

卷五
放空两手才能拿得更多

你心中的那些看不见的屈辱、愤怒,甚至仇恨都被你放下了,这世间还有什么是你不能放下的呢?是的,你此时的手里还实实在在地紧握着一些东西,爱情、容貌、财富……你一直靠着它们活到了今天。你想起自己还有很长的路要走,这些东西已经在羁绊着你了。为了轻装上路,你决定要把它们放下。就在你放下它们的那一刻起,你会意外地发现自己竟然拥有了更多,更多。

卷五 放空两手才能拿得更多 | CHAPTER FIVE

01 放手追逐心之所爱

如果你此时拥有的并不是你真正想要的，那就应该毅然放弃它，去追求你真正的梦想。

他是一所名牌大学的毕业生，由于毕业前忙于考研，所以便没去参加招聘。后来考研失败，长时间没有工作的他为了应付家人的催促，便到了一家餐馆打工。

让这位毕业生感到有点意外的是，餐馆的大厨是一个比他大不了多少的年轻人，才三十出头。他对这个大厨充满好奇，又因为对方平时也比较健谈，所以便毫不掩饰地问："你这么年轻就当上了大厨，是怎么做到的？"

"我一直很喜欢烹饪，家人朋友也很赞赏我的厨艺，每次看到他们津津有味地品尝我烧的菜时，我就高兴得心花怒放，所以便干了厨师这一行。由于有天赋，所以没干多久就当上了大厨。"大厨笑着答道。

"真好！"毕业生满脸羡慕地赞叹道。

CHAPTER FIVE | 人生不必太计较
别再为小事抓狂

"我看你不会一直在这里打工吧,你未来有什么打算?"大厨问。

"我希望能进入一家一流的跨国企业,不但收入丰厚,而且前途无量!"毕业生雄心勃勃地答道。

"这不算什么打算,你说的这些和'我要发大财'同样空泛,"大厨说,"我是问你将来的工作兴趣和人生兴趣。"

毕业生一时无语。

"实际上,我大学读的也是经济学,"大厨脸上依然带着微笑,"我以前在一家国有银行上班,每天披星戴月、早出晚归。但在银行工作并不是我的兴趣所在,出于家人的压力我才到银行上班的,我的真正兴趣是烹饪。"

"后来你就辞职转行了?"毕业生插了一句。

"是的。有一天我在写字楼里忙到凌晨一点钟才结束例行公务,当我吃着令人生厌的泡面时,我忽然下定决心辞职,决定摆脱这种机器般的刻板生活,选择我最热爱的烹饪为职业。现在,我生活得比以前快乐百倍。"

心灵人生

我们有自由选择自己生活方式的权利,但不管是哪一种选择都必然有代价。很多人之所以活得身不由己,其根本原因就是被这些代价所羁绊。所以,为了追求自己的理想生活,你必须要做出牺牲。鱼和熊掌不可兼得,生活从来都是这样,而这也正是它的迷人之处。

02 是时候放手了

放松紧握着的拳头并不意味着失去，相反，只有这样才能抓住更重要的东西。

本田宗一郎是日本本田汽车的创始人，他在1948年9月成立了本田研究工业株式会社，并自任社长。本田宗一郎辉煌的一生莫不与他三次"放权"息息相关。

在经营管理和技术钻研上，本田宗一郎深知自己更擅长后者，于是在公司成立一年后便把经营实权交给了藤泽武夫，自己则埋头钻研技术。在以后的几十年时间里，本田宗一郎不断地研制出了适销对路的产品，而藤泽则把自己的经营才能悉数献出，使本田公司成为名震全球的跨国集团。

1965年，本田公司技术研究所的内部人员都在为"水冷"和"气冷"内燃机发生了激烈争论。本田宗一郎是气冷的支持者，所以新开发出来的汽车都是用气冷式内燃机。然而，在1968年法国举行的一级方程式冠军赛上，一名驾驶着本田公司气冷式赛车的选手，由于车速过快而撞到了围墙上，导致后油箱爆炸，最后不幸被烧死。

此事使得气冷式汽车销量大减，几名要求研究水冷式汽车的技术人员在遭到本田宗一郎再次拒绝后准备辞职。副社长藤泽武夫意识到了事态很严重，就打电话给本田宗一郎："您觉得您在公司是当社长重要还是当技术人员重要？"

"当然是当社长重要！"本田宗一郎回答说。

"那就同意他们去研究水冷式引擎！"

本田宗一郎省悟过来，毫不犹豫地说："好！"

做出了这个决定后，本田公司一路凯歌，由此步入了长期稳定发展的局面。

1973年的一天，公司的一名中层管理人员田西与本田宗一郎交谈时说："我认为公司中层领导都已经成长起来了，您是否应该考虑一下培养接班人了？"

这话虽然说得很含蓄，但本田宗一郎还是听出了弦外之音。"你说得对，"本田宗一郎连连称是，"我确实应该退下来了。"

于是，本田宗一郎辞去了本田技研工业社长的职务。

心灵人生

我们每个人都只有两只手，如果两只手都握满了东西，就无法抓住或许是更重要的东西。每个人的精力和才能都是有限的，如果在你面前有多种选择，那你必须要学会放弃，抓住你最擅长的。不要妄想在任何一个领域都能有出色的表现，成功人士都懂得抓大放小的道理。

03 坚守完美的代价

世上没有完美的人生，如果有，那它的完美之处正是它的"不完美"。

她修长的双腿，美丽的容颜，奔放的舞姿，无不展示着青春与艺术的交融之美。然而，就在舞台灯光的照耀下，就在万千关注的注视下，她忽然摔了一跤，怎么也站不起来。

人们赶紧把她送往医院，一检查，发现是早期恶性骨癌。医生建议她立刻住院，并进行截肢手术，否则一旦癌细胞扩散就会危及生命。这对于刚满二十岁的她来说，无疑是一个晴天霹雳。

"为什么是腿？没有了左腿我还如何旋转自己的人生？我活着还有什么意义？"她歇斯底里，泪如雨下。对她来说，一条腿要比自己的生命还重要。"还是动手术吧，"家人劝她说，"保住生命才是最重要的，只要还活着，一切都还有意义。"

然而，她坚决不截肢，而是选择了化疗。

化疗是对抗癌症的三大手段之一，但有很强的副作用，因为药物在杀死癌细胞的同时也会损伤人体的正常细胞。化疗不到两个月，她的一头光泽亮丽的长发已经掉光了，而病情却还在急剧地恶化。

这时，医生再次建议她做手术。

两个月来，截肢还是不截肢的思想斗争比病痛还残忍地折磨着她。

"如果没有了生命,完美又有什么意义呢?"她终于想明白了,同意让医生截去她的左腿。在手术单上签下自己名字的时候,她泣不成声。

然而,截去左腿后,虽然病情得到了短暂的控制,但事实的残酷远远超出了她和医生们的预料。由于错过了手术的最佳时间,癌细胞已经扩散到她的身体里去了。她后悔莫及,为了坚守完美,她付出了生命的代价。

就在她生命的最后时刻,她写下了这么一句话来告诫她的朋友们:"如果坚持完美要以生命为代价,你能做的只有放下,因为在生命面前,一切都渺小得不值一提!"

心灵人生

著名雕像米洛斯的维纳斯虽然没有双臂,但这并不妨碍世人欣赏她无与伦比的美,反而正是因为断了双臂所以才激发了人们无穷的想象。世界上没有完美之物,作为万物之灵的人,从诞生之日起就充满缺陷。人要懂得权衡,要学会放弃、敢于放弃,千万不要因小失大。

04 放手是成功的第一步

今天人们从你身上带走的,明天他们一定会加倍还给你。

1946年,一家以创始人的名字命名的小公司在纽约成立了。今天,

卷五　放空两手才能拿得更多 | CHAPTER FIVE

该公司已经发展成为全球最大的护肤、化妆品和香水公司，这得益于它的创始人——雅诗·兰黛。

雅诗·兰黛为自己的爱人创造了一款香水，成就了香水界的一段佳话，也成就了她的化妆品帝国。然而，事情发展并非一开始就那么顺利。雅诗·兰黛的产品在美国市场上取得成功后，她把目光投向了欧洲的浪漫之都——法国，但挑剔的法国人却看不上美国的化妆品。

雅诗·兰黛的香水只有贫穷的法国小市民愿意试用，但他们大都只是想占一下便宜——往身上倒了很多香水后就扬长而去。久了之后，店员们开始向雅诗·兰黛抱怨，七嘴八舌地献计，认为要在店里张贴警示语，比如"本店设有监控设备，请自重"、"法国是个有文化的国家，请做有教养的人"、"贪婪是七宗罪之一"，等等。

然而，雅诗·兰黛却坚决反对这样做，她说："我们不需要张贴警示语，这些人用得越多越好，不要在乎她们占的那点小便宜。"

"为什么？"店员们都非常不解。

"因为这些占小便宜的客人，会把香味带给真正的买家。"

事情的发展正如雅诗·兰黛料想的那样，散发出去的香味吸引了越来越多的人，他们不但买走了香水，还纷纷向亲朋好友推荐。一时间，法国大街上到处弥漫着雅诗·兰黛的香水。

心灵人生

俗话说，"舍不得孩子套不了狼"，没有付出、不敢冒险怎么能有大收获？人生是由无数的得与失构成的，想要得到一样东西，必须得放下此时拥有的另一样东西，从来都是如此。所以，迈出成功的第一步就是学会放弃，放弃时间，放弃享乐，放弃小利益……

05 要走就要丢掉牵绊

想要得到必须要做好失去的准备，不要让前行的脚步被过去所羁绊。

一头牛被拴在了牛棚的石柱上，劳累了一天下来，它终于有时间休息一下了。

"哎，我每天都要下地干活，这会休息了还得被牛绳拴上，没有一点自由。"牛无奈地叹息着。这时，正在牛棚附近放哨的一只狗也跟着叹息起来："哎，我每天都吃不饱，有时主人不高兴了还踢我，我不想再为主人放哨了。"

牛和狗一唱一和，最后决定一起逃出去，到深山旷野里过自由的生活。

一天夜晚，当主人熟睡了之后，狗应约走到牛棚下，准备咬断穿着牛鼻子的绳子，但牛却阻止它说："别咬断绳子！"

"怎么，你想改变主意？"狗奇怪地问。

"不是，我只是不愿意让这绳子离开我，它跟了我这么多年了，这一走我就什么都没有了，就剩下它了。所以，你还是把拴在石柱的那一段解下来好了!"

由于绳子打的结很牢固,狗一时半会无法解下来,一着急便吠了两声。这时,熟睡中的主人忽然醒来了,他以为有小偷来偷牛了,于是连忙起身开门。正当主人打开门的时候,狗才解下了牛的绳子,然后迅速地往旷野奔去。

主人见自己的牛和狗逃跑了,拔腿就追。

狗跑得很快,等它回头再看牛的时候,发现牛已经被主人抓住了,正牵着牛绳把它往后赶。

原来,牛一开始紧跟在狗后面,还没跑出多远,不料长长的绳子绊在了一块石头上,等它费尽力气把绳子拽出来时,主人已经追上来了。

狗见牛被抓回去了,只好长吠一声,独自往旷野跑去。

心灵人生

我们每个人都在扮演着不同的角色,常常会因为角色的枯燥而想要逃离。其实,不管哪一种生活,只要经过了多次重复都会变得乏味。人生有得必有失,想要获得自由,想要过上幸福新生活,就要放手现在拥有的一些东西。

06 你必须学会放手

我们的身体是自由的，但却常常难以抽身，那是因为我们的内心无法割舍某些东西。

早餐过后，一位年轻的妈妈正在厨房里忙着清洗碗碟，她四岁的儿子独自在大厅玩耍。过了一会儿，大厅传来了儿子的啼哭声，妈妈着急得连忙放下手中的碗碟，手都还没抹干就冲到客厅。

只见儿子站在电视柜边，手里拿着一个花瓶。不对，他的右手卡进了花瓶里！

那花瓶上窄下阔，见到儿子的一只小手卡在里面，妈妈心里非常焦急。妈妈无暇责问儿子为什么会把手卡了进去，而是耐心地帮儿子把手拔出来，但只一用力儿子就痛得哇哇哭了起来。

妈妈到厨房里找来洗洁精，往儿子的手和花瓶窄口边倒了点，再帮儿子拔，但依然无法成功。妈妈见无计可施了，唯一的方法就是把花瓶打碎。如果这是一只普通花瓶，那打碎了也毫不可惜，但这个花瓶是祖传下来的，物质价格和精神价格都不菲。

妈妈犹豫了下，但还是拿来了锤子，小心翼翼地把花瓶敲碎了。看到儿子的手没有任何损伤，她舒了一口气，但儿子却紧握着拳头，无法张开。"是不是抽筋了呢？"妈妈心情又着急了，便试着把儿子的小拳头掰开了，忽然"叮当"的一声掉下来一颗弹珠。

原来，儿子玩耍的时候把弹珠扔进了花瓶里，小手平伸进去握住了弹珠，握着的小拳头却卡在了窄口花瓶里。儿子的手自然也不是抽筋，而是因为放不下那颗弹珠，一时紧张忘了把拳头松开了。

心灵人生

如果想让自己的人生之路走得轻快，就必须轻装上路，就必须放下一些东西。没人能做到绝对理性，很多人常常被金钱、地位和名誉等东西束缚住，还有不少人是被早已不属于自己的感情羁绊着。放手并不容易，但你必须得学会放手，否则你将会因此失去更宝贵的东西。

07 做事要有的放矢

只有心无旁骛才能做好工作，患得患失永远也施展不开手脚。

一个农场主在他广阔的农场上养了很多牛羊，围篱年久失修，他要重新对其进行修葺，以防牛羊逃跑。由于筑围篱的工作量巨大，农场主便雇了一个小伙子来帮忙。

开工的第一天，小伙子穿着崭新的工作服来到了农场上，和农场主一起拿着工具开始修筑围篱。由于昨夜下了场大雨，农场上到处都是坑坑洼洼，满是泥泞。一个上午过去了，农场主发现小伙子工作不够卖力，以为他肚子饿了没力气。

中午休息的时候,农场主特意叫妻子多煮了点饭,和小伙子一起吃了,然后继续工作。

农场主左手握着木桩,右手拿着锤子有节奏地敲打。突然,农场主手里的木桩掉到了泥坑里,泥水溅污了他们的衣服。农场主看起来很狼狈,小伙子也非常可惜地"啊"了一声,用手拍拍衣服上的泥水,然后摇摇头继续干活。

农场主的妻子在屋内洗碗,她看到了这个情景,觉得丈夫是故意这样做的。等到晚上工作完了、小伙子走了之后,妻子就问农场主:"今天中午你是故意把木桩掉到地上的吧?"

"我也不想这样做的,那小伙子干活没什么效率,我以为是肚子饿了的缘故,但吃了中午饭之后还是老样子。"农场主说,"后来我发现那小伙子原来是心疼他的新工作服,整天只顾着保持裤子的干净,修筑围篱的时候总是蹑手蹑脚放不开,这样怎能有效率呢?难道你没注意到泥水溅污了他的工作服后,我们的工作快了很多吗?"

妻子点点头:"原来如此!"

心灵人生

成功就是认真地做一件工作,并把它做到极致。要把工作做到极致并不容易,因为人们总会被各种诱惑所左右,总会为一些无关痛痒、鸡毛蒜皮的小事所分神。人的精力是有限的,为了把这些精力投放到最值得做的事情上，我们必须学会有的放矢，学会有所放弃。

08 为了追梦说走就走

人应该清楚地知道自己想要的是什么，只有这样才能义无返顾地追求它。

他有一个幸福的家庭，有一份体面的财务助理的工作，还有一副健康年轻的身体。虽然很喜欢目前的工作，但相比之下，他真正的热情在绘画上。

多年来，家里的墙壁上已经挂满了他自己画的画。有时朋友来拜访他，要是看见自己喜欢的画，都会毫不客气地掏钱买下来。当然，他有时候会接受朋友给他的钱，而更多时候是赠送。但不管怎样，他从绘画中得到了无与伦比的快乐。

"怎样才能争取更多的时间来绘画呢？要不要把现在的工作辞了，然后开一家画廊？"这是他多年来一直思考的问题。终于有一天，他把这个想法告诉了妻子："亲爱的，新墨西哥州的陶欧斯城是艺术家的乐园，我一直很想放弃自己的工作，永久移居到那里去，不知你怎么看？"

"太好了！"妻子高兴地说，"我们可以把这里的每一件东西卖掉，然后到陶欧斯去开一家画廊。我们既可以卖绘画用品，也可以卖画，更重要的是，绘画一直是你的梦想。到时我来照顾店面，你就有更多时间画画了。我相信我们一定可以成功！"

CHAPTER FIVE | 人生不必太计较
别再为小事抓狂

他以为妻子会反对他的决定，因为目前的工作很稳定，未来发展空间也非常巨大。由于有了妻子的鼓励和支持，他交接好了工作之后就辞职了，然后开始忙着变卖房子、家私等难以搬走的东西。

过了大概一个月，他和妻子终于搬到了陶欧斯，并在那里开了一家画廊。

天赋再加上勤奋，没过多久他就成了西南部最成功的画家之一。他的作品曾在美国展览过，也曾在多个画廊里举办过个人画展。现在，他是陶欧斯城画家协会的会长。

心灵人生

　　大部分人现在所从事的工作，都不是自己真正喜欢的。造成这种状况的原因当然有很多，但不管是什么原因，如果你有自己兴趣所在，并且又有一定的天赋，那你就应该勇敢地去追随它。追随梦想常常要放弃目前所拥有的，但也只有放弃了这些东西，你才能得到更多。

09 这样的失去是值得的

真正富裕的人期望的是一个充满美好的世界，而不会过分地计较个人的得失。

一个著名的高尔夫球手虽然赢得了比赛，但他似乎并不十分高兴，

卷五
放空两手才能拿得更多

CHAPTER FIVE

身后的司机倒是显得异常兴奋。当他们准备坐车离开时，忽然有个年轻漂亮的女子向他们走来。

"先生，能不能打扰您几分钟？"女子满脸凄苦神色地恳求道。

"你有什么事吗？"球手停下脚步问。

"我有个刚出生的孩子得了重病，需要一大笔钱来动手术，否则就活不了多久。我已经走投无路了，因为家里穷，收入又不稳定，所以银行不肯贷款给我。"女子哀伤地说，"您能不能借给我一笔钱，等我有了钱之后一定还您！"

这时，司机十分警惕地在球手耳边悄悄地说："这女子很可能是个骗子，不要相信她！"但球手并不理会司机，而是对女子说："我赢了场球赛，刚好有一笔奖金。"说着掏出了刚拿到的一张支票，签上自己的名字后递给女子。

女子流着眼泪不住地感谢球手，留下自己的姓名和住址后就走了。

过了两天，司机满肚子怨气地跑回来对球手说："那个女子是个骗子！她给的是假住址，名字也是假的，她根本就没有孩子！"

"也就是说没有小孩病得要死？"

"当然啦，根本就没有！"司机强调道。

"那这应该是个好消息。"球手高兴地说。

"怎么会是好消息，她骗了你一大笔钱！"

"这笔钱对我来说不算什么，虽然她骗了我，但她确实比我更需要这笔钱。"

小故事温暖心灵 | 153

> **心灵人生**
>
> 从一个不差钱的富人身上掏出一笔钱有如九牛一毛，如果把这笔钱拿去消费，对富人的效用是很低的。但是，如果把这笔钱给一个穷人的话，那就相当于雪中送炭，其效用是不可估量的。这便是"劫富济贫"的经济学解释，国家税收如此，富人捐款做慈善也如此。

10 为了吃到更大的"西瓜"

只有把目光放得高远，才不会只顾着拣眼前的芝麻而丢了后面的西瓜。

一个夏日的夜晚，为了乘凉消暑，父亲买回来了一只大西瓜，切好之后一家三口便有滋有味地吃了起来。

母亲胃口小，只吃了两块，小儿子嘴馋，一下子吃了三四块。很快，经过父子俩的一番"奋战"，在他们面前只剩下大小不等的三块西瓜。

"儿子，你还能继续吃吗？"父亲笑着问。

"当然能！"儿子肯定地说。

"那最后这三块西瓜我让你先挑！"

儿子很高兴，毫不犹豫地捧起最大的那一块吃了起来，而父亲则吃最小的那一块。很快，父亲把那一小块西瓜吃完了，随后拿起桌上的最后一块西瓜，并特意在儿子面前晃了晃，然后大口地吃起来。

见父亲吃了两块，儿子不高兴了："你吃两块我才吃一块，不公平！"

"怎么就不公平了呢，我可是先让你挑的啊！"父亲笑着说。

"你那两块加起来比我这一块大！"儿子嘟着沾满西瓜瓤的嘴说。

"那你为什么要挑最大的那一块呢？"父亲问。

儿子无言以对。

"如果下次再让你挑，你会挑哪一块？"父亲试探地问。

"最小的那一块。"儿子回答。

"为什么？"

"西瓜并不是越大越好，因为小块的可以吃得快，也就吃得多。"

"嗯，不错。"父亲肯定了儿子的解释，然后认真地说，"儿子，有时候如果想要得到更大的好处，就要放弃眼前的小利益，知道吗？"

儿子似懂非懂地点点头。

心灵人生

生活中常常有各种各样的利益和诱惑让我们眼花缭乱，我们无法把所有好处都尽收囊中，只能得到其中的一部分。所以，生活处处充满着得与失。有些东西是值得我们花费一生的时间和精力去得到的，而要得到这些东西，我们常常需要放弃眼前的蝇头小利。

11 人生取舍无对错

得到和失去从不会独立存在，它们总是形影相随，得到的同时总要失去什么，而失去也总会被得到所取代。

有个小伙子想专事写作，但他目前有着一份非常稳定的工作。

"写作是我的爱好，我也有这方面的天赋。"小伙子心想，"但爱好不一定能当饭吃，况且写作的前景并不明朗，如果草率地把目前的这份铁饭碗丢掉的话，还真叫人胆战心惊。怎么办呢？"

为了能尽快作出决定，小伙子特意请了两天假，来到了一座名寺里请教见空禅师。

"大师，我是否应该辞职呢？"小伙子问。

"是去是留，你有做过什么努力了吗？"见空禅师不答反问。

"有啊，我曾在一张纸的正反两面分别写上辞职和不辞职的理由，哪面的理由多就是答案。但是……"小伙子叹了口气，没继续往下说。

"难道没有找到答案吗？"

"没有，两面的理由居然一样多！"

"不，"见空禅师说，"那张纸已经告诉你答案了。"

"这怎么说呢？"

"是去是留，其实结果一样！"见空禅师解释说，"你之所以难以决定去留，是因为你害怕做出了错误的选择。选择并无正确与错误之分，每一个选择，每一条路都有其独特的风景，你要做的只是随心而走，用心欣赏而已。"

"随心而走，随心而走……"小伙子把这四个字默念了几遍，然后如释重负地对见空禅师说，"谢谢您，我知道如何取舍了。"

回去以后，小伙子向公司提交了辞呈。

| 心灵人生 🔍 |

如果没有关系到大是大非，人生做的每一个选择其实都无对错之分。人生只能是一个过程而不是一个结果，因为人的目的地只有一个，那就是坟墓。所谓过程，就是一段人生路，或平坦或泥泞。人生不应该害怕失去，我们每做一个选择，只需向着心的方向前进就对了。

12 别因错过而失去

人生总是这样，为了得到更大的利益，我们总要失去一些东西。

从前，在一个小山村里住着两个年轻人，一个叫大勇，一个叫阿广，他们相约到外面闯世界。

一天，他们来到了一个盛产麻布的地方。大勇对阿广说："这个地方麻布多价格低，不如我们把身上的所有钱都用来买麻布，然后运回家

CHAPTER FIVE | 人生不必太计较
别再为小事抓狂

乡以高价卖给村里人吧？"阿广同意了。两人把买来的麻布捆在驴子背上，沿着另一条路往回赶。

不久，他们来到了一个盛产毛皮的地方，当地人很需要价格比毛皮低廉的麻布。大勇对阿广说："不如我们把麻布卖给他们吧？"阿广摇摇头说。"我不想从驴背上把麻布搬下来，那多麻烦啊！"大勇只好自己把麻布卖了，接着购买了一批皮毛，然后继续和阿广往回赶。

走了一段距离，他们到了一个盛产药材的地方。当地气候潮湿阴冷，人们正需要皮毛和麻布。大勇对阿广说："不如我们在这里把皮毛和麻布卖了，然后把得到的钱换成药材再带回家乡去卖吧？""不了，"阿广说，"我们都差不多要回到家乡了，再说我懒得把麻布从驴背上取下来。"大勇只好自己这么干了。

他们来到了一个距离家乡只有两座山头的小城，当地因为开采金矿，所以山岭都是不毛之地，非常欠缺药材。"我的药材能在这里卖个好价钱，"大勇高兴地对阿广说，"你的麻布也可以在这里卖的。"但阿广再次拒绝了："不了，翻过这两座山头，我们就回到家乡了。"

大勇于是把药材卖给了当地人，用得到的钱换成了黄金。

两天后，他们回到了家乡。因为前面的几次变卖，大勇除去成本外还赚了不少利润，而身上的黄金更值钱；阿广把麻布卖给了村里人，只得了点蝇头小利。

心灵人生

我们常常会给自己制订各种计划，并希望能顺利地执行计划。然而，世上的事物总在不停地发展和变化着，而机会常常会在这时向我们招手。这时，如果还要继续坚守计划，或者因为害怕失去而不赶快采取行动，那么机会将会被错过，我们所能得到的也会非常有限。

13 大方经营"错误"

有时候吃点亏并不一定就是坏事，因为吃亏常常能带来更大的收获。

在美国亚特兰大石头山公园的公示牌上，显示着一条令人十分费解的收费标准：坐缆车收费12美元，游遍全园所有26个景点和项目只收8美元。

"不是吧，游遍全园居然比坐缆车还便宜！是不是公园管理者算错了呢？"对于这样的收费标准，几乎所有人的第一反应都是如此。然而，没有人把收费标准算错，定出这个标准的人更不是傻瓜，而是真正的聪明人。

一个游客坐缆车游览，从上到下需要20分钟，他只能在空中走马观花地俯瞰一下全园，一般不会在公园内吃饭、购物，换句话说，这类游客所支付的费用仅仅只有12美元而已。为了尽量使这类游客"知难而返"，所以就把票价定得相对高一点。

　　8美元就能游遍全园，看起来很划算，但实际上并非如此。游遍全园的26个景点和项目，一般需要一天时间，这样一来，游客们就得在公园内吃饭、购物，换句话说，这类游客支付的费用远远超出了8美元！

　　有人还会问，既然游遍全园的游客更能为公园带来利润，为什么还要开设缆车游览这一项目呢？之所以有这一项目，最大目的在于比较，就是为了突出游遍全园的价格便宜，让游客们形成"花8美元游遍全园更划算"的错觉。

　　当然了，虽然坐缆车只能为公园带来每人12美元的收入，但这总比没有好吧？

心灵人生

　　所谓"不入虎穴，焉得虎子"，如果想要获取更大的利益，就不能紧紧地盯着眼前的小利益不放，而要学会有所取舍。大部分人之所以所得甚微，是因为他们容易被眼前的小恩小惠所迷惑，并为此锱铢必较，从而变得目光短浅，看不到更长远的目标和利益。

卷五 放空两手才能拿得更多 | CHAPTER FIVE

14 为爱放弃一切

这个世上能让我们舍弃所有去为之奋斗的东西，只能是爱。

正当事业如日中天的时候，身为律师的她走进了婚姻的殿堂。婚后第二年，她为丈夫生了一个儿子。儿子的降生无疑影响了她的事业，但她无怨无悔。

然而，上帝似乎妒忌她的辉煌，就在儿子刚满三岁的时候，不幸患上了一种无法治愈的怪病。为了儿子，她毅然放弃了一切官司，带着儿子四处求医问药，渴望着奇迹的出现。一年过去了，医生们都只是摇头："这是医学上罕见的病例，无法用药物来治疗。"

医生们的这种结论让她着实恍惚了一阵，但她很快就在心里做了一个重大的决定——辞去律师的工作，回家全职照顾儿子！

对于她的这个决定，几乎所有人都为她感到惋惜。丈夫想代替她来照顾儿子，她不肯；同行劝她出山，她不肯。她说："儿子需要的不是钱，是母亲的爱和陪伴。既然我把他带到了人间来，我就应该为他的一生一世负责到底。"于是，她由一个叱咤风云的律师变成了一个彻头彻尾的母亲。

就这样，许多年过去了，在她的照顾下，儿子奇迹般地超越了死亡的关卡，顽强地成长为一名男子汉，以优秀的成绩考入了一所著名的医科大学。她的努力和牺牲没白费,虽然人们早已忘了她曾是一位名震一时的律师。

有一年同学聚会,同学们全身上下都散发着耀眼的光环,而她却一无所有地坐在他们中间。虽然已经时隔多年,但还是有人替她说出可惜的话来。她笑了,伸出双手说:"我的双手都攒满了幸福,只是你们没看到罢了。"

心灵人生

很多人认为只有事业辉煌、身家富裕才算是成功,却忘了成功说到底是家庭幸福。一份适合自己的职业固然重要,但真正长久地陪伴我们的,不是职业,而是家庭,是一直陪伴在我们身边的爱。什么东西可以舍弃,什么东西一定要紧紧地抓住,其实每个人的选择都一样。

15 君子不夺人所爱

能够为大义而割爱的人,人们常常会把他抬举得很高,很高。

公元794年,唐宋八大家之一的韩愈在京城与一个名叫独孤申叔的朋友打赌,赢得了对方的一幅《人马图卷》。

独孤申叔无比心痛,连连嘱咐韩愈要好好保管《人马图卷》。"这幅画即使你有黄金千两也不一定能买得到啊!"独孤申叔非常不舍。韩愈

卷五　放空两手才能拿得更多　CHAPTER FIVE

听他这么说，知道这是一幅名贵之画，便更加高兴，对其爱不释手。

第二年，韩愈出任河阳令。有一天，韩愈与几个朋友高谈阔论，聊起了书画的品格。"我有一幅名贵之画，叫《人马图卷》，今天见大家这么高兴，就拿出来让各位欣赏欣赏。"这几个朋友中，有一个叫赵侍御的人，大家常常以"君子"冠之。

当韩愈把《人马图卷》一展出，赵侍御便"啊"的一声惊叫。众人不解，韩愈忙问："赵君子认得这幅画？""何止认得，这是我二十年前临摹古本之作，只是后来不幸遗失！"赵侍御脸色戚然，"当时临摹之苦，用功之深，至今未曾忘怀，如今意外见到，真是悲喜交集啊！"

听到赵侍御这么说，韩愈也为之感慨："原来赵君子才是这幅画的主人。"

赵侍御想将这幅画取回，但又不好明说，只好请求道："韩文公能否临摹一二赠我，以遣相思之苦呢？"

韩愈虽然极其喜爱这幅画，但见赵侍御神色怅然，便大声说道："此画既是赵君子心爱之作，理当奉还！"说完当即把画还给了赵侍御。韩愈此举让包括赵侍御在内的所有人都称赞不已，韩愈的名声也由此更上一层楼。

后来，韩愈有感而发，便把这件事写成了散文《画记》。

心灵人生

人们常常会把快乐寄托在物之上，因为喜欢所以都想据为己有，最后收藏起来。人们这样做其实都是一种追求美、欣赏美的行为。然而,夺人所爱并非君子所为,真正懂得欣赏美的人,乃是有一颗坦荡而豪迈之心的人,乃是能够忍痛割爱的人。

16 丢弃人生的"壳"

人生不需要背负太多行李,只有扔掉其中不必要的行李,我们才能走得更快。

乌贼,一种海洋软体动物,因为它能在遇到敌人时通过喷"墨"来迷惑对方,然后伺机逃跑,故得此名,同时又有"墨鱼"之称。

我们知道,墨鱼平时做的是波浪式的缓慢运动,但一遇危险时就会以每秒15米的速度迅速逃跑,把敌人抛在身后。然而,乌贼这种"贼快"的逃命速度并不是天生就有的。

科学家们发现,在长期的进化过程中,乌贼逐渐改进了自己的身体构造,身上形成了一个奇妙的外套膜。这个膜的边缘是张开的,可以通过紧闭和舒张来吸放海水,以达到喷进的目的。科学家们同时还发现,几亿年前的乌贼和海里的各种甲壳动物一样,背上也长有一个又沉又大的壳,每当遇到危险时它就会将自己柔软的身体躲进壳里。

毫无疑问,虽然壳为乌贼提供了一所"安全屋",但同时也拖慢了它的喷进速度。

卷五 | CHAPTER FIVE
放空两手才能拿得更多

为了让自己在遇到危险时能跑得更快，而不是被动地把自己缩进壳里，乌贼慢慢地把背上的"安全屋"退化掉，同时又增强了外套膜的推进作用。

后来，经过数亿年的进化，今天的乌贼甚至能跑得比一些小电船还快，人们因此给它们取了"天然火箭"的绰号。

心灵人生

人生在世，每个人都背负着许多责任与欲望，如果将这些东西全部丢掉，人生将会毫无意义。但是，如果不舍弃一些东西，我们将会不堪重负。

人生并不需要背负太多东西，有些东西其实是可以放弃的，例如这些"壳"。

舍弃人生的"壳"既是一种勇气，也是一种智慧。

17 握得越紧，伤得越深

即使是再关心、再在乎的东西也没必要紧紧地握在手里，否则迟早会伤到自己。

一个年轻人的家庭和事业都遇到了麻烦，浮躁和忧虑整天困扰着他，万般压抑之下只好去找他的一位心理咨询师朋友倾吐。

听完年轻人的牢骚后，朋友笑着让他伸出右手握成拳头，他照做。

"再握紧一些。"朋友说。年轻人虽不知朋友的用意，但还是用力把拳头握得紧紧的，指头几乎攥进手心了。

"有什么感觉？"朋友问。

年轻人茫然地摇摇头说："有点不舒服。"

"把拳头伸开吧。"朋友说着拿起桌上的一块棱角分明的石子放入年轻人手中说，"握紧它。"年轻人于是把石子握在手心，朋友又连声让他握得再紧些。

"不行了，"年轻人喊道，"再握紧我的手就会被割破的！"

"那你还不赶紧把拳头松开！"朋友突然喝道。

年轻人吓了一跳，赶紧舒开手掌，但见手心已被尖利的石子磕出血丝来了。

"把石子扔掉吧！"朋友提醒说。

"你让我这样做是不是有什么用意？"年轻人不解地问。

"如果你手中空无一物，即使你把拳头握得再紧也无大碍，但你也将一无所得；你所在乎的东西就像那块尖锐的石子，如果你死命地握紧拳头，虽然你牢牢地得到了它，但同时会伤到自己，所以你要丢掉它。"朋友解释说。

"你的意思是让我有所放弃？"年轻人叹了口气说道，"但这又谈何容易！"

"确实不容易，但我们总要有勇气去做，不是吗？"朋友笑着说。

卷五 | CHAPTER FIVE
放空两手才能拿得更多

心灵人生 🔍

人生在世，没有谁不受伤，因为每个人都有自己关心和在乎的东西。如果对一切都不在乎，也就是看破红尘，虽然不会受伤，但也得不到快乐。

活在世上，总想得到什么，越是珍贵的东西就越是攥得紧，却难免伤到了自己。如果感到痛了，就意味着该松手了。

18 人生总要有所放弃

人生总是难以同时得尽天下好处，为了有所得总要有所失，因为人生从来都是有舍才有得。

在森林里，猎人要捕捉野兽的话，一般都会在野兽出没的地方埋下捕兽夹，一旦野兽踩上去就会触发机关，然后夹住野兽的掌足，使其不得逃脱。

据说在长白山地区，一些猎人就用捕兽夹来捕捉狼，但效果并不好。当狼踩进了捕兽夹时，狼腿就会被牢牢地夹住。这时，如果狼拼死挣扎而依然逃脱无望，它们就会果断将自己被夹住的腿咬断，以求得生机。

原来，狼是以牺牲一条腿的代价保全了自己的性命。

然而，并非所有动物都能有狼的这种果断，例如百鸟之王孔雀。

据说雄孔雀最珍惜自己的美尾，甚至把尾巴看得比自己的性命还重要。然而，正是孔雀这一爱美心理给聪明的猎人提供了机会。猎人会专门选择下大雨的时候出门捕捉孔雀，因为这时孔雀的美尾已被淋湿，它担心飞起来会将美尾弄坏，所以宁愿被捕也绝不动弹。

孔雀为了保护自己的尾巴，结果失去了整条生命。

心灵人生

我们每做一件事情之前都会在心里权衡，这样做到底值不值得。"值不值得"其实是一个相当主观的判断，有人重利，有人重义，因为每个人的价值取向不同，所以最后的决定便会不同。不过，有一样东西却是相同的，鱼和熊掌常常不可兼得，为了得到我们认为更重要的东西，都要放弃另一种东西。

19 得失不在眼前

人生是一场马拉松，讲究的就是坚持和努力，输在起跑线但可赢在终点。

几杯酒下肚，大表哥打开了话匣子，开始绘声绘色地讲起当年当兵的事情。

大表哥是八十年代初当的兵。那时候，虽然改革的春风已经吹遍了大江南北，但并非所有地区的人都能解决温饱问题，即使在军队也如此。

"那时候粮食紧缺，我们每天只能吃一顿饭。在排队打饭的时候，

卷五 放空两手才能拿得更多 | CHAPTER FIVE

虽然连长老说不要多吃多占,要照顾一下其他人,但是谁都知道,这么一小盘米饭,谁都吃不饱……"说到这里,表哥突然停了下来,转头问我,"要是你的话,你会怎样打饭,是打多呢还是打少呢?"

"当然是尽量多打啊,"我脱口而出,"我会使劲地把饭碗盛得满满的、尖尖的!"

"如果是这样的话,你一定吃不饱!"表哥说,"我只盛半碗饭。"

"为什么?"我疑惑不解。

"你想啊,如果你碗里的饭比别人的少,那么大家还没吃完第一碗饭的时候,你已经开始盛第二碗了。而当你盛完第二碗饭的时候,饭盘里就几乎没饭了,但你已经吃得比别人多了。所以,凡是一开始就拼命多盛的人都吃不饱。"

听大表哥解释完之后,我若有所悟:原来得失的计较,往往不是在眼前。

心灵人生

我们常常容易被眼前的短期利益冲昏头脑,并因此争得头破血流,只为了把仅有的两只口袋装满而已。然而,这样做的人往往也就只能得到两口袋的利益,而那些有着长远目光、懂得舍弃小恩小惠的人才能得到更大的收获。做人从来都是如此,为了得到更多必然要有所舍弃。

20 成全他人就是成全自己

背负太多东西的人,他总是飞不高;为了成全他人而让自己失去的人,他会得到更多。

有个乞丐想知道自己为什么这么穷,便决定到西天去问佛祖。

乞丐一路西行一路乞讨,跌跌撞撞地来到了一条大江边,江面上不见一条船。

"这可怎么过河呢?"乞丐叹气道。

突然,江面上浮出了一只老乌龟。老乌龟说:"我驮你过河吧!"

乞丐很高兴,便坐在了老乌龟的后背上。来到江心时,老乌龟问乞丐要上哪儿,乞丐便告诉了它。

"真的吗?那太好了!"老乌龟高兴地说,"我都修行一千年了,按理说早该化龙飞走了,你能不能帮我问问佛祖?"

乞丐点头答应了。

终于,乞丐到了西天,见到了佛祖。

"佛祖,我能不能问你两个问题?"乞丐问。

"你只能问一个!"佛祖说。

乞丐想了想,觉得自己的问题太不重要了,人家乌龟都修行一千年了。于是,乞丐便向佛祖问了老乌龟的问题。

"那老乌龟壳里有 24 颗夜明珠,只要它把壳丢了就可以飞天了。"佛祖说完后就不见了。

乞丐高兴地踏上了回程,虽然他不知道自己为什么这么穷。

乞丐回到江边时,见老乌龟已经在等他了。

"佛祖怎么说?"老乌龟迫不及待地问。

"你先驮我过河吧。"乞丐说。

过了河之后,乞丐把佛祖说的话告诉了老乌龟,老乌龟一听就明白了。

"这些夜明珠都给送给你吧。"老乌龟脱下龟壳递给乞丐说,"没想到是它们让我成不了龙!"

乞丐很高兴,他把那 24 颗夜明珠卖了之后终于成了一个富人。

心灵人生

人生从来都不需要背负太多财富,如果一味地要把财富往背上放的话,迟早会累垮。当我们把财富卸下来的时候,并非会变成一个穷光蛋,相反,我们得到了更多东西。要想得到更多的财富,不能只顾着自己的私心,因为人生总是先有舍才有得的。

CHAPTER
SIX

卷六
贪婪是张喂不饱的口

CHAPTER SIX 人生不必太计较
别再为小事抓狂

卷六
贪婪是张喂不饱的口

你像一个精明的投资者，开始放手了一些东西，并逐渐拥有了一笔可观的财富。这时，你心底响起了一个不可一世的声音："我要拥有整个世界！"为了实现这个目标，你不知疲倦地搜集财富，但不管得到了多少，你的内心依然得不到满足。后来你终于明白了，原来自己的内心早已经被贪婪侵蚀了，而那是一张永远也喂不饱的口。你如梦初醒，于是赶紧悬崖勒马。

卷六　　　　　CHAPTER
贪婪是张喂不饱的口　　SIX

01 你永远也跑不赢欲望

即使跑得再快，跑得再远，也始终跑不过心头那无穷的欲望。

很久以前，有个农民租了某地主的一亩三分地来耕种，但由于各种苛捐杂税，农民虽然每天都早出晚归、累死累活，始终没办法让妻子儿女吃好穿暖，十分可怜。

有位神仙很同情这个农民的境遇，就下凡来对他说："我是个神仙，特意到此帮助你。我看你每天都辛苦劳累，却养不活自己的家人，归根到底是因为土地不是你的。"

农民连连点头说是，忙问神仙如何才能让自己和家人过得好点。

神仙说："这样吧，只要你能不停地在这片土地上跑一圈，圈子以内的土地都归你。"

农民一听，撇下锄头兴奋地朝前跑去。他已经跑了很远的距离了，也跑得非常累了。当想停下来休息时，他想到家里面黄肌瘦的妻子和子女，于是便咬咬牙继续跑。好不容易又跑了一段距离，如果这时往起点跑的话，他就能拥有一大片土地，但他想："这片土地养活自己的家人是不成问题了，但我想成为一个地主，以后也能留点土地给子孙们。"

于是，农民继续往远处跑。

神仙见农民已经跑得上气不接下气的，再这样跑下去的话他很可能会力竭而死，就警告说："别再往前跑了，快点回来，否则你会累死的！"

农民意识到自己已经跑了很长时间和很长距离了，并且此时呼吸都有点困难了，这才赶紧往回跑。然而，当他快把跑过的足迹连成一个大圆圈的时候，却倒在地上再也无法爬起来了。

> 心灵人生

毫无疑问，人活着就应该努力为理想奋斗，朝着理想不停地奔跑。然而，人总会有累了的时候，一旦感到自己累得快要支持不下去了，一定要懂得往回跑。当理想变成了欲望，欲望变成了贪婪时，人就会沉沦其中难以自拔，最后就会被其吞噬，堕入无穷的黑暗之中。

02 欲望的尽头是镜花水月

做人应懂得见好就收，太贪婪反而会一无所获。

古时候，有个人在森林里设置了一个捕捉火鸡的陷阱。

这人把一个大铁笼藏在草丛里，铁笼里里外外都撒了很多玉米粒；

铁笼有一道门，门上系了一根绳子，他抓着绳子的另一端躲在草丛后面，只等火鸡一入铁笼就拉绳子，这样就能把火鸡关在笼子里面。

这人抓着绳子耐心地等待着，一边等待一边在心里美美地盘算："这个铁笼至少能装下 12 只火鸡，10 只卖了拿钱去买酒，2 只留下来自己烤着吃。"想着想着，他仿佛闻到了酒的香味，又闻到了烤火鸡的香味，口水不住地往外流。

过了不久，果然有 12 只火鸡在玉米粒的诱惑下，一边啄着玉米一边走进了铁笼里。就在他准备拉绳子的那一刻，忽然有只火鸡溜了出来。他想："我计划是抓 12 只火鸡的，只有 11 只怎么行！"于是，他决定等那只火鸡重新走进铁笼里再拉绳子。

然而，就在他等待的时候，又有 3 只火鸡走了出来。"不行，只有 8 只火鸡都不够我买酒的钱！12 只抓不了就算了，那就抓 11 只吧。"他还是决定继续等待。

可是没等多久，笼子里又有 3 只火鸡走了出来，只剩下 5 只火鸡了。"一开始是有 12 只火鸡的，现在只剩下 5 只了，我不甘心，一定会再有火鸡走进去的！"他还是选择继续等待。当笼子里只剩 2 只火鸡时，他一着急便拉了绳子，这 2 只火鸡便被他捉到了。

"哎，本来是有 12 只火鸡的，现在只有 2 只，只够我烤着吃，没酒喝真可惜！"这人拎着 2 只火鸡非常懊恼地自言自语。

CHAPTER SIX | 人生不必太计较
别再为小事抓狂

心灵人生

人的欲望是无穷无尽的，对自身有好处的东西，人们总是希望越多越好。然而，资源总是有限的，并且还有诸多不确定的因素，想要在这种条件下满足自己无穷的欲望，只能是水中花、镜中月。所以，当还有好处可取时，就应果断地把它取来，犹豫多一秒就多一份惋惜。

03 只有贪婪取之不尽

不要试图用你有限的生命去填补你无限的欲望黑洞，否则你的人生只能是徒劳。

从前，在一间破落的茅草屋里住着一个衣不覆体、食不果腹的穷人。在他空荡荡的房子里，除了一张用来睡觉的长凳以外，就只剩一个用来供土地神的香炉了。穷人每天晚上睡觉前都要跪在香炉前虔诚地祈求：

"土地神啊，您可怜可怜我这个一无所有的穷人吧，如果您能让我发财，我一定会买好吃好喝的来侍奉您。"

这次，穷人迷迷糊糊地听到土地神幽幽地说道："看在你这么虔诚的份上，我就让你发财吧。我送你一个神奇的袋子，里面永远会有一块金子，是拿不完的。但是，你只有把袋子扔了才可以使用金子。"

第二天一早，穷人果然在枕头边找到了一个袋子，打开一看，里面果然装着一块金子。

　　穷人见到了金子顿时心花怒放，当他伸手取出金子后，果然立即又有了一块。"土地神，太感谢你了！"穷人谢过土地神之后，便发了疯似的不停地从袋子里取出金子。

　　穷人从早上开始，一直取到中午，破落狭窄的屋子里已经堆了一大堆金子了。

　　"肚子好像有点饿了，"穷人这才忽然想起没吃过东西，他很想拿金子去买面包吃，"可是，在花金子之前，必须把袋子扔掉，这太可惜了，我应该储存更多的金子！"穷人于是继续在屋子里忙着取金子。

　　取金子的兴奋让穷人逐渐忘记了饥饿，忘记了白天和黑夜。不知过了多长时间，没踏出过门口一步的穷人滴水未进，他的身体变得越来越虚弱，脸色蜡黄，取金子的手也因为无力而一直在颤抖着。

　　终于，在穷人快把金子堆满整个屋子的时候，他倒在长凳上再也起不来了。

心灵人生 🔍

　　金钱对每个人来说总是越多越好，人们从来都不懂什么叫"够用"。然而我们必须知道"够用"，因为我们的生命是有限的。对我们每一个个体而言，世界上的财富是无限的，我们不可能也没必要将其尽收囊中。以有限的生命去换取无限的财富，这样的人生只有死路一条。

04 贪婪是一张夸夸其谈的嘴

被欲望迷惑眼睛的人总喜欢夸夸其谈,因为他们要靠这一张嘴巴来炫耀双眼所见。

有位波斯商人带着50个奴仆、150头骆驼,与一个朋友乘坐轮船外出经商。

夜晚的海面风平浪静,波斯商人与朋友坐在甲板上遥望着碧蓝的星空,心情无比惬意。波斯商人一高兴便打开了话匣子:"今晚的天气真好,不过这种天气毕竟少有。我倒想到亚历山大里亚去长住,那里空气清新,有益身心健康,唯一不足的地方就是地中海风浪太大,现在还不能去。我想这次出海回来后,以后再也不外出经商了,就可以到那里买所房子,从此深居简出、了此余生。"

"想要在那样一个地方买一所房子并不容易,这次外出你打算怎么做呢?"朋友问。

波斯商人兴奋地回答说:"我听说硫磺能在中国卖个好价钱,我想把波斯的硫磺运到中国去,然后把中国的瓷器带到希腊,接着把希腊或威尼斯的绸缎带到印度,紧接着把印度的铁带到阿勒颇,再把阿勒颇的玻璃制品带到也门,最后从也门把花布带回波斯。这样,我就可以守着我的花布铺子,不用再出门了,等过了不久一定能赚够到亚历山大里亚去定居的资本。"

波斯商人说完了这次外出经商的计划，接着又说如何在波斯卖花布，说得滔滔不绝，一直说到口水干了为止，这才最后说道："不如你也谈谈你的计划吧？"

"我听说前不久沙漠里有个商人从骆驼上摔下来死了，临死前说了这么一句话：'贪婪的眼睛如果得不到满足，终究会被漫漫黄沙封盖住。'"

心灵人生

人总会有很多梦想，也会有很多欲望，特别是年轻人。如果一个年轻人说他的梦想是要过那种告"老"还乡的生活，多半是句空话。膨胀的欲望常常会使人变得浮夸，总喜欢滔滔不绝，永远得不到满足。真正知足的人都不屑多说话，因为他们的内心无比平静。

05 世上没有点石成金的手指

一滴水无法灌溉干涸的沙漠，要使沙漠变绿洲，就必须学会如何在上面种树。

有位神仙奉命到人间做好事，他刚下凡就在路边遇到了一个哭泣不止的小孩。

"孩子，你为什么哭得这么伤心？"神仙关切地问。

"我的母亲得了重病,卧床不起,因为家里穷所以没钱看大夫。不仅如此,我们一家人还常常饿肚子,吃了上顿没下顿!"小孩伤心地回答说。

神仙对小孩一家人悲惨的生活心生同情,况且他这次下凡的目的就是为了帮助他人,于是就对小孩说:"我是一个神仙,我变出一块金子让你拿回去孝敬父母,如何?"

小孩高兴地点点头。

于是,神仙用手指了指路边的石头,那石头一下子就变成了黄灿灿的金子。小孩接过神仙递给他的金子,兴奋地跑回了家。

过了几天,神仙又在路边遇到了那个小孩,小孩依然哭泣不止。神仙很奇怪,便走过去问:

"孩子,你母亲的病还没治好吗?"

"不是。"小孩边哭边摇头。

"你们还吃不饱穿不暖吗?"

"不是。"小孩依然摇头。

"那你为什么还在哭泣呢?"

"自从请大夫治好了母亲的病后,我们又用金子买了粮食和衣服,但这时金子已经所剩无几了。"小孩哭着说,"所以我父亲就对我说,'你从明天起,天天都在路边哭,如果又遇到了那位神仙,你就告诉他,你这次不要金子了,而要能点石成金的手指。'"

卷六　贪婪是张喂不饱的口　CHAPTER SIX

心灵人生

人性常常是贪婪的，每个人都希望少付出多得到。假如一个穷人拣到了一大笔钱，他第一个想法就是把钱花出去，因为这意外之财唤醒了他贪婪的本性。所谓扶贫，并不是简单地把物质财富送出去，而是要教会饥渴难耐的人们自己挖井，这样才能得到源源不断的水源。

06 别拿生命试诱惑

诱惑是披着羊皮的狼，外表看上去温柔和顺，但实际上却凶狠歹毒。

几尾小鱼跟着它们的妈妈在湖里寻找食物。游到湖边的时候，小鱼们发现面前出现了一个弯弯的红色的东西，那东西散发出一阵阵肉香。

"妈妈，前面有好吃的！"小鱼们争抢着游过去，鱼妈妈急忙拦住了它们。

"那东西不能吃！"鱼妈妈大声喊道。

"明明是可口的食物，为什么就不能吃呢？"小鱼们不解地问。

"红色的是蚯蚓，那确实能吃，但蚯蚓皮下包着的是人类放下来的钓钩，那是种非常危险的东西！"鱼妈妈表情十分严肃地解释道，"只要我们一把那红色的蚯蚓吞进肚子里，我们就会被湖边的人类迅速地拉上去，最后就会成为人类的盘中餐了！"

"但美味就在眼前，轻而易举就可以吃到了，我们为什么不尝试一下呢？"

"这可万万不能尝试！"鱼妈妈表情惊恐地说，"保证自己安全的最好办法就是不要去碰它，否则你们将会付出生命的代价！"

"那我们怎么判断它里面有没有钓钩呢？"

"孩子们，那些毫不费力就能得到的可口美味，里面就很有可能有钓钩。"

心灵人生

能够轻而易举地被我们得到的东西，如果不是废物，就一定是诱惑。对于废物，我们弃之还来不及，但对于诱惑，并非所有人都能抵挡得住。人们之所以会被诱惑，是因为人们心中不满足，想毫不费力地得到。所以，拒绝诱惑、远离危险的万能法则就是让自己学会知足。

07 欲望让人得寸进尺

当人最渴最饿的时候，真正的宝藏乃是一杯水和一碗饭。

炽热的阳光像一层层透明的热浪，在苍茫的沙漠上翻滚着。他已经没力气再往前走了，身上带的干粮吃光了，最后一滴水也早就随着汗珠蒸发到热风中去了，只剩绝望弥漫全身。

不久前，他从一个朋友口中得知，这片沙漠中埋藏着一座古老的宝藏，这位朋友还告诉了他宝藏的大概位置。为了寻找宝藏，他装备整齐地进入了沙漠。但是，恶劣的沙漠环境远远超出了他的想象，如今连食物和水都吃光了。

他还不想就这样死去，于是向上帝做了最后的祈祷："上帝啊，请给我一些帮助吧！"

让他狂喜的是，上帝真的出现了。上帝问他："那请你告诉我你的需要吧！"

"食物和水，"他想都没想就急忙地说道，"哪怕只有一点点。"

上帝于是给了他食物和水，但并不很多，只够他走出沙漠。

他带着上帝给予的食物和水，最终找到了宝藏。他尽己所能地把宝藏携带于身，又开始了艰难的跋涉。他越走越累，便逐渐丢弃了一些宝藏。又走了一段距离，水和食物已经不多了。"哎，当时怎么就不问上帝多要一点呢！"他十分后悔。没办法，为了节省力气，他把所有宝藏都丢到沙漠里了。尽管如此，他还是吃光了食物和水，又一次陷入了绝境。

"上帝啊，如果您听到我的呼喊，就请再次帮助我吧！"他虔诚地跪在沙漠上。

"你不是已经发现宝藏了吗，还要我怎么帮你？"上帝第二次出现了。

"别提了，那些沉重的宝藏既不能吃又不能喝，我现在只需要食物和水！"

"那你要多少呢？"

"我可不能再客气了，"他心里想了下，接着大声说道，"您能给我多少，我就要多少……"

心灵人生

金钱从来都不是万能的，尤其是在严酷荒芜的环境下。当金钱买不到水和食物时，金钱就毫无价值，因为支撑人类生命的，从来都是水和食物。人类的欲望永无止境，当一个欲望满足了，马上又会生出另一个更难满足的欲望，即使在生命的尽头也依然如此。

08 买不走的只有无欲之心

居心叵测之人总会用花言巧语迷陷他人，总会用金钱利益诱惑他人。

他是一个毒贩，警察已经发现了他的藏身之所，他必须赶紧逃命。"我这几包毒品肯定不能放在这里了，否则被找出来麻烦就大了！"警察马上来了，他急得如热锅上的蚂蚁，"可是放在哪里好呢？"他想起附近的一座教堂。"教堂是最神圣的地方，警察肯定不会想到教堂里会藏有毒品。"于是他用一个包把毒品装好，朝教堂奔去。

老牧师正和信徒们在做礼拜，毒贩走进去，静静地坐着等待。当礼拜结束后，信徒们都走出了教堂，他这才向牧师走去。

卷六 贪婪是张喂不饱的口

CHAPTER SIX

"我的朋友,你来这里是否对主有所求?"牧师问。

"世人不都对主有所求吗?主不是有求必应吗?"毒贩不答反问。

"是的。"牧师说。

"我有些私人物品,想藏在教堂的钟楼上,可以吗?"毒贩指着装满毒品的包说。

"这……"老牧师想到对方包里装的肯定不是什么好东西,但他刚承认主会帮助任何人,于是便哑口无语了。

"看来主并非有求必应啊!"

"请不要亵渎我的主!你的要求恕不答应。"老牧师义正辞严。

"如果你答应我的请求,我会报答你的善行的,给你十万怎么样?"毒贩再次请求。

"不!"老牧师再次坚定地拒绝。

"二十万呢?"

"没有商量的余地,请你马上离开教堂!"

"五十万行吗?"毒贩仍不死心。

老牧师一把将毒贩推到教堂外,大声喝道:"快给我滚吧,你给的价钱快接近我心中的数目了!"

心灵人生

俗话说,有钱能使鬼推磨。即使有着坚定信念的人,也会被不菲的金钱利益逐步腐蚀心灵,最后背叛自己。在物欲横流的今天,我们时刻都会面临各种诱惑的考验，即使内心本来的欲望已经沉睡，但足量的金钱也会将其唤醒。所以，对诱惑绝不能心软，要及时地对它说"不"。

09 斩断心头的利益之绳

看得见的绳子总能轻易地被砍断，只有看不见的心灵之绳才让人烦忧不已。

苏轼谪居黄州时，曾与佛印禅师往来唱酬，交往甚密。

一日，苏轼又往庐山拜访佛印，走到半路时看到了一头牛，被绳子穿了鼻子，拴在树桩上。这头牛很想挣脱绳子的束缚，自由地到草地上吃草，怎奈它转来转去都不得脱身。苏轼见此情景，嘴角微微一笑。

来到寺院后，苏轼与佛印一边品茗一边闲扯。扯了几句闲话后，苏轼放下茶杯，笑道："禅师，你的智慧我是佩服的，每次与你谈论都难不倒你。不过，这次我倒有一个难题想再次请教你。"

"哦？"佛印也笑道，"说来听听。"

"何为团团转？"苏轼抛出问题。

"想要得不到。"佛印随口答道。

"为何团团转？"苏轼想了下又问。

"皆因绳未断。"

"你怎么知道？"苏轼吃了一惊，"难道你见过那头牛？"

"这与牛有何联系？"

苏轼于是把在路上见到牛的事情告诉了佛印，最后赞叹道："我以为你既然没看见，自然答不上来，哪知你一开口就答对了，让人好生佩服！"

"你问的是事，我答的是理啊。"佛印笑了笑，"你问的是牛被绳子束缚而无法挣脱，我答的是心被俗物纠缠而不得超脱，此乃一理通百事啊！"

苏轼听后恍然大悟道："心不自由，原来是被贪欲束缚了啊！"

心灵人生

"团团转"的本质就是想得到某物但却得不到。生活中，人们都围绕着金钱、权力不停地打转，说到底是想得到它们。我们之所以会"团团转"，也就是不自由，是因为我们被心中的一条无形的绳子束缚住了，而这条绳子正是欲望。人无法消灭欲望，只能暂时忘记它，这时心灵便是自由的。

10 贪念如狱

很多时候，把人囚困住的不是有形的监狱，而是人内心深处的无形无尽的欲望。

公元十四世纪，在今天比利时一带有一个君主，名叫雷纳德三世，以身体肥胖出名。有一天，他的弟弟爱德华成功地发动了一场政变，把他抓了起来。

爱德华并没有把雷纳德处死，而是在一个城堡里专门为他修建了一个监狱，把他关在里面，并亲口向他保证道："只要你能从这个监狱里走出去，我就把君主之位奉还给你！"爱德华口中的监狱，实际上只是一间房间，房间里有普通的门和窗，门还从不上锁，窗户也一直开着。雷纳德之所以无法走出去，是因为他的体型过于庞大！

雷纳德十分明白，如果想要走出监狱重获君主之位，就必须节食减肥。

爱德华之所以敢于做出这样的承诺，是因为他对其兄长的弱点一清二楚。爱德华每天都派人把各种各样的美味给雷纳德送去，让他好好品尝。雷纳德见到这些佳肴，当然知道弟弟的心机，但他对美味总是无法抗拒，有多少便吃多少。

没过多久，雷纳德的体重不减反增，变得越来越肥胖了。

当别人问起政变的事情，爱德华总是这样对外宣称："我并没有把哥哥变成一名囚犯，只要他愿意，他随时可以离开，决定权在他手里。"

然而，雷纳德一直没走过那个监狱，在里面一待就是十年，直到爱德华战死后才被放出来。由于身体肥胖带来了各种疾病，雷纳德被放出来后不到一年就一命呜呼了。

卷六　CHAPTER
贪婪是张喂不饱的口　SIX

心灵人生 🔍

束缚我们的行动，限制我们的自由，只有我们自己。假如自由真正植入了我们的灵魂，像毒药一样的可怕的欲望就会渐行渐远，我们就会获得一种"高处"的生活，在阳光下自由地呼吸，在森林中自由地漫步解开束缚，那么，监狱就不复存在。

11 贪多嚼不烂

人之所以成为人，是因为能控制内心的欲望，而不会反过来被欲望所控制。

从前，有个木匠技艺超群，他制作出来的东西远近闻名，人们纷纷找他定制各种木制品，他因此挣了不少钱。

自从出了名之后，木匠没有哪夜能睡好觉，因为他一躺在床上就会想如何才能挣更多钱。"要是我做出的东西永远不坏，那我不就更有名了吗，请我定制东西的人不就更多了吗？"一天夜里，木匠又兴奋地想着，"如果真能这样的话，我一定能挣更多的钱！"

忽然，木匠跳下床，跪在地上虔诚地祈祷："上帝啊，求求您让我做的东西永远不坏吧！"

"我可以满足你的愿望，"见木匠这么虔诚，上帝被感动了，"但我怕你将来会后悔，因为……"

"不会的，我绝不会后悔的！"木匠打断上帝的话急忙说道，"您就满足我的愿望吧！"

"好吧！"上帝说，"从明天起你制作的木制品都不会坏。"

果然，经木匠的手制作出来的东西都用不坏、砸不烂，他的名气更大了，不少人更是千里迢迢地专门来找他定做家具。很快，木匠就挣了一大笔钱，他高兴极了，夜里终于能睡个舒服觉了。

过了两年，来找木匠定制木制品的人越来越少；又过了一年，木匠家门前冷冷清清，一个客人也没有。

木匠想不明白为什么会这样，于是便问上帝。上帝回答说："你做的东西都用不坏，人们当然也就不再需要新的木制品了。"

经上帝这么一说，木匠终于明白了，知道自己做了一件十分愚蠢的事情，非常后悔，于是向上帝恳求道："上帝啊，我知错了，请您让一切恢复正常吧，不然我的日子就没法过了！"

"我说过你会后悔的，你偏不信！"上帝说，"不过，既然你已经知错了，我也便宽恕你。"

从此，木匠的生活照常如旧。

| 心灵人生 🔍 |

这个世界之所以能够相对有条不紊地运转，是因为有一只看不见的手在推动着。每个人的心中都有各种各样的欲望，如果上帝让这些欲望都达

成的话，那世界将会是一片混乱。人必然有欲望，这并不是坏事，但如果让无限膨胀的欲望控制住本心，那将会是一场灾难。

12 别让诱惑迷乱了双眼

再香甜的东西也不要轻易去品尝，因为它很可能是致命的毒药。

一只饿坏了的马蜂寻着香味降落在一朵花的花瓣上。

这是一朵怪模怪样的花，看上去就像一个圆底瓶子，其"瓶口"长着艳丽的花瓣，深深的"瓶底"里盛着浓香的蜜汁。在蜜汁中，另一只马蜂在缓慢地移动着，似乎在尽情享受甜美的蜜汁。

"嘿，兄弟，蜜汁味道如何？""瓶口"的马蜂大声问。

"瓶底"的马蜂艰难地移动了下身子，抬起头喘着气说："兄弟，你可千万别下来，这是个陷阱！"

"兄弟，你是想独吞吧？""瓶口"的马蜂哈哈大笑，"你也太自私了吧！"

"我没必要骗你，你看我六条腿都拔不出来了！"

"瓶口"的马蜂仔细朝"瓶底"的马蜂打量了一下，好像它真的被蜜汁粘住了。"我姑且相信你说的话，""瓶口"的马蜂说，"不过你能不能先告诉我蜜汁的味道怎样？"

"味道好极了，不骗你，这是我吃过的最好的蜜汁！""瓶底"的马蜂答道。

"那我也一定要要尝尝！"当听说那是最好的美味时，"瓶口"的马蜂已经准备要飞下去了。

"别飞下来，听我说，只要你一碰到蜜汁就会被粘住的！""瓶底"的马蜂大声阻止道。

但一切都太迟了，"瓶口"的马蜂禁不住蜜汁的诱惑，已经飞进了"瓶底"，它的足尖刚稍稍碰到蜜汁便被粘住了。

心灵人生

俗话说，不听老人言吃亏在眼前。前人总结的经验，即使我们此时无法理解，也应该遵照而行。一个人要使自己的目光变得高远，一定要学会站在巨人的肩膀上看问题。能够轻易得到的东西常常是诱惑，是陷阱，即使它看起来再美好，也不要轻易以身犯险。

13 离诱惑越远越好

任何诱惑的背后都隐藏着一定的危险，拒绝诱惑的最好做法是远离它。

一家大公司准备以高薪聘用一名小车司机，专门为公司总裁服务。应聘者很多，经过层层筛选和考核之后，最后只剩下三个技术最优良的应聘者。

这三个应聘者由总裁的秘书来做最后的考核："假如悬崖边上有一大块金子，你们需要开着车去取。问题是，你们觉得把车开到离悬崖多近才能迅速地取得金子而又不至于连人带车掉入悬崖呢？"

"两米。"其中一个应聘者想了下说，"两米是最合适的距离了。"

"两米太远了，半米吧！"另一个应聘者不同意，"实际上，我能把车开到悬崖边又不会掉下去，这不算什么。"

"你的答案呢？"秘书问最后一个应聘者。

"如果是我的话，我会尽量远离悬崖，越远越好！"最后一个应聘者回答说。

"为什么，你不想要金子了？"秘书问。

"是的。"这名应聘者坚定地答道，"相比于金子，当然是生命更值钱，我不会拿自己和他人的生命去冒险的！"

"说得好，你就是我们要找的司机！"秘书高兴地站起身来，与这位应聘者握手。

心灵人生

很多人甘愿去冒险，通常是因为他们看不到危险所在。最愚蠢的行为莫过于看见危险就在前面，却依然要为了点蝇头小利而盲目地踏上前去，这种行为无异于火中取栗、自投罗网。只有内心不满足的人才会被诱惑冲昏头脑，以身犯险，而那些头脑清醒的人都知道要远离诱惑，越远越好。

14 这样的甜头不要尝

当你平白无故、轻而易举地得到某种好处时,你可要注意了,因为这很有可能是一个陷阱。

小李是一个业余摄影爱好者,有段时间常去江边捕捉镜头,由此认识了一个垂钓老人。老人的独特之处是,他每天都能收获累累,而身旁的几个年轻人则几乎毫无收获。

"老人家,您一定是钓鱼老手了,每次您都能满载而归,真是经验丰富!"小李拍了几张照片后,走过去向老人赞叹道。

"我之前压根就没钓过鱼,"老人笑着说,"是这几天才学的,水平远不如那些年轻人。"

"不会吧,那您怎么能每次都钓这么多鱼呢?"小李佩服得睁圆了眼睛。

"我当然是做了一件他们都没做的事情,"老人依旧笑着说,"每次离开之前,我都会把剩下的鱼饵撒入每日垂钓的地方,这样鱼群就会经常在这一块地方徘徊了。"

"真妙啊!"小李再次赞叹,不过同时觉得老人天真,"您怎么把这窍门泄露给我了呢?"

"窍门?"老人摆摆手,"这哪算什么窍门,这是人人都懂的道理,只不过其他人不舍得这么做而已。其实,人和鱼是一样的,常常只顾眼前的利益,沉迷于美食之地,到最后落得个一无所有,甚至赔了自己的性命。"

心灵人生

人的本性常常是贪婪的,总希望不劳而获,或者一劳永逸。世界上最阴毒的计谋,是先想方设法让你尝到点甜头,等你慢慢陷入其中难以自拔时,才把你当成鱼肉一样宰割,而你早已无反抗之力。粉碎这种阴谋的最好做法,就是在一开始就远离这种甜头。

15 享乐让天使变魔鬼

能使一个纯洁的天使堕落成丑恶的魔鬼的,是内心无穷无尽的欲望。

一位颇有名气的画家想找一个最善良、最纯洁的人当模特,以画出一副最出色的耶稣像。但画家找了很久都没找到合适的模特。

一天,有人告诉画家,说修道院里有一位修士,为人纯洁善良,很适合当他的模特。画家于是来到了修道院,找到了那位看上去真的很纯洁很善良的修士。画家很高兴,给了修士不少钱,请他做模特。

没过多久,一幅栩栩如生的耶稣像便画好了,人们抢着向画家购买,而画家也因此名声大噪。

过了些许时日，画家的名气渐渐过了，他琢磨着再画一幅震惊世人的画。"既然已经画出了圣人耶稣，怎么能没有魔鬼撒旦呢？"画家于是决定要画撒旦了。可是哪里去找肮脏、邪恶的"魔鬼"来当模特呢？

为了寻找"魔鬼"，画家来到了监狱里。

在众多犯人中，画家一眼就看到了一个最难看、最凶残、最丑恶的犯人。"就他了！"画家心里很得意，来到这个犯人面前，对他说明了来意。

"哎呀，画家先生，你怎么又来找我啊！"犯人见到了画家竟放声大哭起来，"你以前画的那个圣人就是我啊！"

画家满脸震惊："这，这怎么可能？你到底是谁？"

"我确实就是那个曾经善良、纯洁的修士啊。"犯人越哭越痛心，"自从我得了你的那一大笔酬金之后，我便再也无心修道，只顾一味地吃喝玩乐，很快就把那笔酬金花完了。为了能继续享乐，我便只好去坑蒙拐骗，最后竟丧失理智杀了人……"

心灵人生

长翅膀的不一定都是天使，还有可能是鸟人；那些看起来很纯洁、很善良的人，也有变成魔鬼的可能。区分天使与魔鬼的关键不在于其外表，而在于其内心。只有拥有了一颗强大的、难以利诱的内心才能称得上是天使，因为诱惑与欲望是世界上最致命的毒药。

16 人应懂得适可而止

欲望就像一个无底洞，一旦你掉了进去，就再也难以爬出来了。

很久以前，黑老鼠和白老鼠的祖先救了土地神一命，土地神很感动地对它们说："为了感谢你们的救命之恩，我要给你们奖赏。你们可以朝下挖土，挖得有多深你们就有多深的领地。"

两只老鼠高兴极了，都迅速地朝着地下挖土。

白老鼠挖土的速度很快，没过多久它就已经挖到很深的地方了。"有这么好的机会不好好把握就浪费了，"白老鼠心情激动地想，"我所挖的深度就是我的领地，我一定要尽力地挖下去！"白老鼠就是怀着这种心情一路挖下去，最后挖到快没力气了。

"我好像没力气了，"白老鼠气喘吁吁地对自己说，"但如果我就这样返回地面的话，那只黑老鼠肯定就比我挖得更深了。不行，我还要继续挖下去！"

就这样，每当白老鼠想停下来的时候，这样的想法就会出现在它的脑海里。也不知过了多长时间，白老鼠渐渐失去了知觉，到最后竟累死在深深的地洞里。

白老鼠累死了，土地神看在眼里伤在心里。不过让他感到欣慰的是，黑老鼠还活得好好的。

"告诉你一个坏消息,"土地神伤心地对黑老鼠说,"白老鼠累死了。"

"太可惜了!"黑老鼠表示惋惜。

"你为什么没有像白老鼠那样继续挖下去呢?"土地神想知道黑老鼠是怎么想的。

"挖到这么深已经是我的极限了,况且我不需要再往深处挖了,因为我已经很满足了。"黑老鼠淡淡地回答说。

我们今天之所以看到的大都是黑老鼠,而少有白老鼠,据说就是因为这个原因。

心灵人生

任何财富的获得都需要付出时间和精力。人们都希望自己的财富越多越好,这就意味着要付出更多的时间和精力。人心一旦被欲望所吞噬,就会不知疲倦地劳作,以满足无限膨胀的欲望。然而,欲望永远无法被满足,如果不懂适可而止,最后的结局只能是力竭而死。

17 知足者常乐

如果你把快乐完全建立在金钱财富之上,那么你永远得不到真正的快乐。

有个年轻人,大学一毕业就进了一家地级报社当记者。自从他进报社的那天起,脸上就总是带着笑容,整天都乐呵呵的。

卷六 贪婪是张喂不饱的口　CHAPTER SIX

很快三年过去了,年轻人因为经验不足,所以职称尚未评上去,又因为该报社的报纸发行量偏低,所以他收入并不高,每个月只能剩下一点点钱而已。然而,他依然每天都过得很开心,笑声不断,就连走起路来都哼着歌。

同事们都不了解这个年轻人,以为他之所以这么开心,不过天生是个乐天派而已。

有一次,他跟着报社的一位女前辈去做采访,大姐见他一路上乐得像个小孩,便好奇地问:"你天天这么开心,是不是有什么喜事啊?"

他听后哈哈大笑:"大姐,哪有那么多喜事让我笑啊,况且不一定非得有什么喜事才笑的嘛。"

"那你能把你每天都这么开心的秘密跟我分享一下吗?"

"我开心的秘密很简单。我本来就是一个土里土气的乡下人,毕业后能来到繁华的城市里生活,干上记者这么体面的工作,心里感到非常满足。只要我每天一想到这个,即使有什么烦恼都会一扫而光。"

"看来你的开心秘密并非适合每个人啊!"女前辈笑了笑说。

"不是啊,"他认真地说,"如果每个人都学会知足,都懂得享受当下,人生还有什么烦恼?"

心灵人生

贫穷与富贵、快乐与悲伤,都是在比较中产生的。因为有比较,所以有差异;因为有差异,所以有不满足。欲望是人心里的一道无法填平的沟壑。我们本来已经活得很好了，但无意中发现他人看起来似乎活得更好，于是这道沟壑便出现了。欲望与奢侈永无止境，只有知足当下，才能享受当下。

18 轻装慢走人生路

如果你过得不快乐，不是因为快乐离你太远，而是你活得还不够简单。

从前，有个不快乐的富人独自驾着马车外出寻找快乐。富人的马车上放着一个箱子，箱子里装满了金银财宝。来到郊外时，富人看到前面走着一个年轻人，年轻人身后背着一个老妇，走得异常吃力。

"年轻人，你背着的是谁啊？你们准备要上哪去啊？"富人驾着马车追上去问。

"我母亲生病了，我要背她到城里看病。"年轻人回答说。

"那你们上来吧，我送你们一程。"富人说。

到了城里之后，富人把一些财宝送给了年轻人，年轻人和老妇连连感谢富人，富人心里觉得非常开心。然而，那天晚上富人投宿的时候，有人把他的马车偷走了，幸好车里的那箱财宝他早已扛了下来。

第二天一早，富人请了两个人帮他扛箱子。当他们来到一个偏僻的村庄的时候，富人担心这两个人会趁机扛着箱子逃跑，便把那两人打发走了，自己扛着箱子走。沉重的箱子压得富人气喘吁吁，举步维艰。

这时，他看见前面走来了一位衣衫褴褛的农夫，农夫正唱着愉快的山歌。富人奇怪地想："这穷农夫为什么会这么开心呢，他又没有钱，难道他知道快乐的秘诀？"富人于是走上去向农夫讨教快乐的秘诀。

"哪里有什么秘诀，快乐其实再简单不过了，"农夫笑着说，"依我看，只要你把背上的那只箱子放下来就快乐了。"

富人若有所悟，又想起昨天因为帮助了一对母子而感到很开心。于是，富人把箱子里的财宝分给了村庄里的村民们，村民们为了感谢他，就轮流请他到家里做客。

富人从来没受到过这么热烈的欢迎，他感到快乐极了。

心灵人生

这世上懂得自娱自乐的人并不多，很多人都把快乐寄托于外物。把快乐寄托于外物并不是什么坏事，但如果被外物所羁绊，那么人生就得不到真正的快乐。人生是一次不必携带太多行李的旅行，因为行李越多，心绪杂念便越多，如此一来，即使身旁有美景也无暇欣赏。

19 知足是最宝贵的智慧

那些不计报酬地帮助他人并珍惜、享受此刻拥有的人，都是人间天使。

据说，天使的神力都隐藏在其翅膀上。

有这么一个天使,在人间游玩的时候不小心睡着了,醒来之后发现自己的翅膀被偷走了。天使很伤心,没了翅膀就没了神力,不仅回不了天堂,就连一日三餐都难以保障。又冷又饿的天使只好挨家挨户地讨饭吃。

"我能进来讨口饭吃吗?我是天使。"天使敲了敲门。

这户人家打开门,见天使饿得脸色苍白,便问:"你能给我们什么好处?"

"对不起,我没了翅膀,什么好处也给不了你们。"天使无力地说。

"哼,这算哪门子的天使!"这家人冷笑了声,"砰"的一声把门关上了。

连连遭到拒绝的天使非常伤心,只好蹲在村口哭。这时,一个牧羊人见天使可怜,便把他带回了家,煮了饭给他吃。天使很感动,对牧羊人述说了自己的遭遇。

"即使你不是天使我也会给你饭吃的。"牧羊人说,"既然你没事干,就留下来和我一起牧羊吧。"没了翅膀的天使确实干不了什么,便留下来牧羊。

天使每天牧羊的时候,都会将梳理的羊毛留一些下来,日积月累便为自己织了一双羊毛翅膀,终于变回了天使。

恢复了神力的天使想答谢牧羊人,便问他需要什么。

"我好像没什么需要的。"牧羊人笑着回答说。

"不可能吧,人类都有很多愿望,你难道没有吗?"

"我真的想不出来我需要什么。"牧羊人憨厚地笑着说。

"我听说人类都渴望智慧,那我把智慧送给你吧?"天使还是想送点什么。

"不用了,我已经有智慧了,那就是知足。"

心灵人生

在物欲横流的今天,做好事逐渐变成了一种交易。没有好处就不相助,这从理性人的角度来看是没有错的,但是从道德上看却非常有问题,因为唯利是图的社会不是"人"的社会。知足是一种难得的智慧,因为真正知足的人都知道,欲望的沟壑从来都填不满。

20 该放手时就放手

聪明总有代价,愚笨并不总是坏事,知足的人拥有的是一片广阔自由的天地。

从前,有个老人在河边钓鱼,陆陆续续地钓了很多。然而,他有个十分奇怪的举动,就是每钓上来一条鱼都要拿尺量一下,只要比尺长的鱼都要丢回河里,只有比尺短的才扔进竹篓。

有个农民扛着锄头打老人身边经过,见他竟然将一条大鱼往河里扔,就十分奇怪地问:"别人都希望钓到大鱼,你为什么反而将大鱼丢回河里呢?"

"因为我家的锅只有这么大,"老人说着举起手中的尺比划着,"太大的鱼装不下。"

"那你不会买一个大点的锅吗?"农民建议道。

"我当然也想过,但锅变大了之后,就要把原来的灶给毁了,重新砌一个,这样才能把大锅架进去。"老人不慌不忙地解释道,"你想想,这样一来就要花费很多工夫了。"

"重新砌个灶虽然麻烦,但这是一劳永逸的事情啊,你每次都把大鱼扔回河里多可惜啊!"农民摇头叹气。

"没什么可惜的,我并非每次都能钓到大鱼,即使钓到了又被我扔回了河里,我也不觉得可惜,因为我一个孤寡老头儿吃不了那么多。"

农民无话可说,摇摇头走了。

这时走来了一个书生,他对老人的举止也十分好奇,便问原因。

"你真是个傻老头儿,"书生知道原因后哈哈大笑,"你难道不会把大鱼切成段吗?"

心灵人生

人的欲望是无穷的,每个人都在为了得到更大的好处而争得头破血流。对于已经到手的好处,极少有人会主动放弃。人类用智慧不断满足了自身的物质和精神需求,但却造就了一个唯利是图的社会。其实,真正的智慧不是想方设法囊尽一切好处,而是懂得该拿就拿,该放就放。

21 充实的人生有松有弛

智者都懂得忙里偷闲,因为他们知道,真正的智慧正是来源于闲适。

传说孔子东游列国时,由于心情郁闷,常常独自外出散心。

有一次,孔子来到了一处树林里,见有一只麻雀因受伤而掉落在地,便走过去拣起来,捧在手心里。孔子端详着手心的麻雀,感受着麻雀的暖暖体温,感叹道:"麻雀虽小,五脏俱全啊!"

这时,刚好有一个猎人经过,认出了身材高大的孔子。"孔圣人居然手捧麻雀在玩,他不用做学问吗?"猎人心里惊叹道。于是,满脸惊讶的猎人便向孔子走过去,问道:

"您是孔圣人吧?"

"什么圣人不圣人,我就是一个落魄书生,姓孔,名丘,字仲尼。"孔子答道。

猎人大声问道:"既然您是书生,不是应该好好利用时间来做学问吗?而您此时正把时间浪费在一只毫无用处的麻雀身上,您难道不觉得羞愧吗?"

孔子没想到会遭到如此责难,一时不知如何回答。半晌,孔子终于说道:

"你责怪得是。不过我想问你,你为什么不拉紧你的弓,不把箭放在弦上呢？"

"您是不是糊涂了？"猎人笑道，"我此刻又不是在打猎，再说了，如果一直把弦绷紧的话，弓就失去了弹性，就再也无法把箭射出去了！"

孔子也笑道："朋友，原来你懂这个道理啊！做人不是应该像你手上的弓一样吗？如果每天都绷得紧紧的，又怎会有力气和心情去做其他事情呢？"

猎人听后点点头，红着脸走开了。

猎人走后，孔子正想走回去，没想到迷路了，跌跌撞撞来到了东门。弟子们久不见孔子，便分头去找他。子贡听人说，东门有个人如丧家之犬，便走过去看，果然是自己的老师。

子贡不大好意思地对孔子说："老师，刚才有人说您像丧家之犬。"

孔子听后并不生气，而是笑着说："那人说得确实不错啊。"

心灵人生

　　时间对于每个人而言都是有限的，但那些真正懂得节省时间的人，并不是整天都在工作，而是劳逸结合、忙里偷闲。一张好弓有张有弛，做人也一样。实际上，当一个人连续工作了一段时间之后，其后的效率是递减的。能做到"人不知而不愠"的人，是真正的智者。

22 别忘了享受生活

赚钱本是一个无意而为之的过程,因为真正值得我们关心的是此时此刻的生活,是我们的人生价值。

有个富翁忙碌了一辈子,终于在海边买了一幢房子安享晚年。一天傍晚,富翁来到海边散步,见到一个渔夫坐在海边的一块岩石上钓鱼,一时还不见鱼上钩。

"朋友,你这样怎能赚到大钱呢?"富翁走近渔夫问道。

"那请问如何才能赚到大钱呢?"渔夫转头看了一眼富翁,然后继续专心致志地钓鱼。

"如果我是你的话,就会想办法买一艘渔船,这样就能捕到更多的鱼,赚到更多的钱。"富翁给渔夫出主意说。

"然后呢?"渔夫沉浸在钓鱼的乐趣中,无暇多说半个字。

"然后就把赚到的钱拿去投资,例如开工厂,就开鱼罐头工厂,把鱼卖到世界各地去。"富翁正说着的时候,渔夫已经钓上来一条生猛的大鱼了。

"然后呢?"渔夫一边从钓钩里取出大鱼放进桶里一边问。

"有了钱当然还是拿去投资啦,这样才能钱生钱,最终让你成为像我一样的富翁。"

"成为富翁又怎样呢？"渔夫钓了几条鱼，正准备收拾工具回家了。

"那就可以像我一样在海滩买间房子，然后傍晚的时候出来散步，享受悠闲自在的生活啦！"

"那我现在的生活不悠闲自在吗？"渔夫笑道，"谢谢你的建议，不过我要回去煮饭吃了，有空再和你聊。"

心灵人生

每个人其实都清楚，赚钱并不是生活的目的，而只是一种手段而已。然而，我们虽然知道这一点，但却拼尽心力地去赚更多的钱，以至把赚钱当成了人生的终极目标。人生的最大目标应该是实现个人价值，而金钱只是为人生价值奋斗过程中的衍生品。

23 让自己活得轻松一点

压力都是自己给自己的，从来都没有人阻止你将其放下。

由于工作压力太大，一位企业家不得不去看心理医生。心理医生知道情况后，就劝企业家多注意休息，哪知企业家愤怒地大喊：

"休息，我哪有时间休息！我每天都要完成巨大的工作量，没一个人可以分担我的工作。医生，你不知道啊，我每天都得提着一个沉重的公文包回家，里面装的都是满满的文件啊！"

"都是时候休息了,为什么还要批那么多文件呢?"医生很诧异。

"你以为我想吗,这些可都是必须要完成的急件!"企业家不耐烦地答道。

"真的没人可以帮你分担?"

"如果有人可以帮我分担,我也不会来找你了!你到底是不是心理医生啊?"企业家对医生的这些问题感到越来越不耐烦了。

"你的问题主要是工作忙,压力大,我当然可以开些处方药来抑制你紧张的情绪,也可以给你一些物理治疗提示,你愿意要哪种?"

"是药三分毒,当然是后者了。"

"那你每个星期抽一点时间到墓地去走走,就当散步。"

"到墓地去散步?我没听错吧?"企业家怀疑眼前这个人到底是不是心理医生。

"我希望你到墓地去走走,看看那些与世长辞的人的墓碑,他们当中多少人生前和你一样,甚至事业做得比你的更大。他们曾经什么事都放心不下,后来都早早地长眠于黄土之下。"医生缓缓地解释说,"要解决你的问题,既容易也困难,因为这毕竟不算多可怕的疾病,就在于你能否放过你自己。"

企业家终于平缓了自己的情绪,和气地与医生道别。

后来,企业家按照医生的提示,有意识地减缓生活步调,试着慢慢转移部分权力和职责。一年后,他发现企业的业绩竟然比以往任何一年都好。

CHAPTER SIX　人生不必太计较
别再为小事抓狂

心灵人生

地球从来都不会因为某个人的紧张而停止转动，不管是紧张还是松弛，生活照样这样过。其实，人应该学会悠闲地生活，这并不是做不到，而是很多人不想做到。这个世界其实是懒汉创造的，因为懒汉害怕辛苦，所以创造了更便捷的生活。所以，轻松工作与高效率并不矛盾。

24　别拿生命换金钱

最珍贵的财富从一开始就被我们握在手里，但我们都没有察觉，直到它快消耗殆尽了才猛然想起——只有一次的生命。

从前，有个穷苦年轻人一心一意想发财，后来终于在自己的努力拼搏下成为了富甲一方的富翁。然而，此时的富翁早已白发苍苍，还没来得及享用自己的财富就命归西天了。

富翁怀着复杂的心情来到了天堂，见到了上帝。

"上帝，为什么您给我们的生命如此短暂呢？"富翁心酸地问。

"短暂？"上帝很惊讶，"你们天天盼望着早点下班，我还以为你们嫌时间过得慢呢！"

"那不一样。"富翁苦笑道，"在您的眼中，人的一生对您来说有多长呢？"

"不过呼吸之间。"上帝答道。

"您看我花了一辈子时间去赚钱,这些钱在您眼中有多大价值?"富翁又问。

"不过一堆泥土。"

"上帝啊,虽然只是一堆泥土,但您能否再给我一次呼吸,让我好好享受这一堆泥土呢?"富翁终于说出了心中的愿望。

"可以,只要你能给我一堆泥土。"

"既然我用生命赚回来的钱只值一堆泥土,那我就用这些钱来换取泥土吧。"

"可以。"上帝说完便给了富翁一个坟墓。

"上帝,您没搞错吧?"富翁一脸困惑,"我是希望您再给我一次生命,不是让您给我一个坟墓。"

"可怜的孩子,"上帝抚摸着富翁的头说道,"我给你的生命只有一次,你可以用这一次生命去换取金钱,但无法用金钱换取生命。你就好好在坟墓里安息吧。"

心灵人生

生命只有一次,它从我们呱呱坠地的那天起就在慢慢地被消耗着。人是向死的存在,但很多人都忽略了这个事实,以为自己的时间还很多。我们可以任意地消耗自己的生命,每个人都有这个自由。然而,有限的生命应该拿来做有意义的事情,而不应只是用来换取金钱。

CHAPTER
SEVEN

卷七
缺陷造就了完美的你

卷七
缺陷造就了完美的你

你明白人生的最大敌人就是自己,所以这一路走来你都在不停地追求完美,不仅战胜了屈辱、愤怒和仇恨,甚至连贪婪也被你踩在了脚下。然而,就在某个寂静的深夜,你细细地审视了一遍自己,发现自己从头到脚都依然丑陋不堪、千疮百孔——原来自己根本就无法完美!尽管如此,你还是笑了,一脸幸福地告诉自己:"今天的我,不正是缺陷所造就的吗?"

卷七 | CHAPTER
缺陷造就了完美的你 | SEVEN

01 你的价值取决于你自己

别人对你作出的任何评价，都不过是一句轻飘飘的话而已，真正掷地有声的，是你自己的看法。

有个年轻人一直很在意别人对他的看法，常常为此茶饭不思、夜不能寐。有一天，年轻人向一位须眉交白的智者求教：

"老人家，我很迷茫，不知道自己的人生道路通向何方。"

智者不说话，只是微笑着看着年轻人。

"有人赞我是天才，将来必定会有一番作为；也有人骂我是白痴，一辈子都不会有什么出息。"年轻人见智者不说话，自己便说了，"老人家，您说我到底是天才还是白痴？"

"你认为自己是天才还是白痴呢？"智者反问。

年轻人摇摇头，一脸茫然。

"假设你是1斤米，在主妇眼中，你只能煮两三碗米饭而已；在农民眼中，你最多不过值3块钱罢了；把你包成粽子后，或许能卖出4块钱；制成饼干后，你或许能被卖出 5 块钱；但是，如果你被你酿成了酒，或许就能卖出 40 元了。"智者说到这里，问年轻人，"你觉得哪一样价值更高？"

"如果我是 1 斤米的话，我希望能酿成米酒！"年轻人想了下说。

"这就对了。有人把你看成天才，你不一定是天才；有人把你看成白痴，你也不一定是白痴。别人永远决定不了你是谁，你究竟能有多大价值，取决于你到底怎样看待自己。"

心灵人生

人是社会性动物，任何人都无法脱离其他人而单独生存，所以我们常常关心自己在他人心目中的形象。人们对于某一个人的评价，总是难以避免地带有主观性，常常有失公允。不管是主观的还是客观的看法，都无法决定"你"是什么人，因为你在时刻变化着、进步着。

02 正视你的缺点

不要害怕被嘲笑，只有正视了自己的缺点才能将其转变为优点。

画眉清亮悦耳的嗓子不是生来就有的，传说在很久以前，画眉的叫声和乌鸦的差不多。

"今天难得大家欢聚一堂，谁来唱首歌助助兴啊？"在百鸟聚会上，老鹰如此建议道。百鸟们面面相觑，都不敢站出来开唱，不管是唱得好的还是唱得不好的，都怕被别的鸟儿嘲笑。

就在这时，忽然从天上掉下来一支金色的笛子。百鸟中，孔雀惊叫道："我梦见的原来是真的！昨晚鸟神托梦给我，说今天会有一支金笛从天而降，谁得到这支金笛谁就能拥有一副好嗓子，以弥补它嗓子难听的天生不足。"

听了孔雀的话，百鸟们议论纷纷。

"那这金笛给谁合适呢？"老鹰问道。

"反正我不要，"孔雀第一个不屑地说，"我已经有这么漂亮的外衣了，我嗓子虽然不算动听，但也不难听！"

"我也不要，"猫头鹰从百鸟中站出来也表态了，"虽然人类说我的嗓子难听，但我自认为比起你们的也差不了多少。哼，我每天都凭借这副动听的嗓子才抓到这么多老鼠，人类不知感激我，反而说我的嗓子难听，这是妒忌的表现！"

乌鸦扯着一副沙哑的嗓子接着说道："猫头鹰大哥说得对，人类不仅对猫头鹰有偏见，对我们乌鸦更是如此。我们乌鸦这么好的嗓子上哪找？人类偏要说我们的嗓子像报丧的一样。金笛我们绝不需要！"

"既然你们都不想要金笛，那就给我吧。"画眉知道自己的嗓子难听，便低声说，"你们个个都拥有动听的歌喉，即使歌喉略逊一点的，也拥有各种高强的本领，只有我，嗓子难听又无一技之长。"

百鸟们见画眉当众承认了自己的嗓子难听，都在一旁偷笑，便像甩脱不祥之物似的,把金笛给了画眉。

从此,画眉就变成了一只最会唱歌的鸟儿。

心灵人生

所谓人无完人,每个人都有缺点,缺点是一种客观存在。其实,世界上是无所谓缺点也无所谓优点的,只因人们站在了某种共同标准上,才划分了优点和缺点。优点和缺点是一对此消彼长的矛盾,当缺点少了优点就多了,前提是要先正视和承认自己的缺点。

03 年轻是犯错的资本

我们之所以害怕犯错,不是因为其后果有多可怕,而是因为我们不知道犯错是人生的一门必修课。

这是大四的最后一堂市场营销课。

"同学们,你们很快就要离开学校到社会上去拼搏了,所以这堂课我想给你们一个忠告。"老师说着转身在黑板上画了一个人、一所房子、一辆汽车,还有另外几个人,最后用一个大圈子把这些"东西"圈起来。

同学们不知老师有何用意,都在小声地议论着。

"同学们,这个圈子里有对你们至关重要的东西:你的住房、你的家庭、你的朋友,还有你的工作。在这个圈子里面,你们会觉得舒服、自在、安全，远离危险和争端，所以我把这个圈子称为'舒服区'。"老师解释说，"现在，谁来告诉我，当你跨出这个圈子后，会有什么事情发生？"

"会害怕！"一个同学说。"会出错！"另一个同学说。

"当你害怕了，出错了，其结果是什么呢？"老师继续问道。

"会受到责骂"、"自己心里难受"、"可能会损失一些东西"……听到这些回答，老师只是摇头。"会学到东西"、"能得到锻炼和成长"……见老师摇头，同学们的思维转得很快。

"没错，你会从错误中得到教训！"老师笑着肯定了同学们，"当你们离开舒服区后，你们学到了以前学不到的东西，增长了自己的见识，所以你们进步了。"老师说完在圈子外又画了一个更大的圈子，又加上了一些新的东西，如更多的朋友、一所更大的房子，等等。

"如果你一直活在自己的安全区里，而不敢走出去，你能得到的东西十分有限。相反，如果你能走出去，你就能得到更多。"老师总结道，"不要害怕犯错，特别是当你们还年轻的时候。这就是我给你们的忠告。"

心灵人生

我们幼时刚学走路的时候，不知跌倒过多少次，或哭或笑，但最终还是站起来继续学着走。成长应该是一个伴随终生的过程，犯错、跌倒、受伤是成长的有机组成。这些东西将伴随我们一生，不管是年少还是年老，只是年少时的我们更能错得理直气壮一些而已。

04 没有绝对的缺点

所谓缺点常常是营养不良的优点，人们喜欢以大众的眼光去看一个人，然而真正的成功者都是少数人。

有个小孩胆子很小，从来都不敢主动回答老师的问题，也不敢大声说话。有一天，他向爷爷诉说了自己的这个烦恼。

"爷爷，我要怎样才能改变这个缺点呢？"小孩问爷爷。

"这怎么是缺点呢？这分明是个优点嘛！"爷爷摸了摸他的头笑着说，"你不过是非常谨慎罢了，而谨慎的人总是很可靠，很少出乱子的。"

"如果胆小是优点的话，那么勇敢岂不成了缺点了？"小孩质疑道。

"不，谨慎是优点，勇敢也是优点，只不过平时人们更重视勇敢这种优点罢了。"爷爷解释说，"就像糖和巧克力一样，虽然都好吃，但你不是更喜欢巧克力吗？"

小孩想了下，觉得爷爷说得挺有道理的。

"我的同桌很喜欢说话，那啰嗦是不是缺点呢？"小孩又问。

"啰嗦不一定是缺点。"爷爷回答说，"法国有个伟大的作家叫巴尔扎克，他常常要为一间屋子、一处小景色婆婆妈妈地写个不停。但如果他不这么干，读者反而会觉得这不是他的小说了，你难道可以说啰嗦就是缺点吗？"

小孩没想到胆小和啰嗦都可以是优点,于是便会心地笑了。

"所以你要记住,"爷爷最后提醒道,"不要总觉得自己一无是处,你自己眼里的缺点在他人看来,或许就是难得的优点呢!"

心灵人生

优点与缺点并非是绝对的,它们在一定条件下可以相互转化。如果你是位战士,那胆小显然是缺点;如果你是位司机,那胆小自然是优点。人们判断优缺点的标准是大众化的,所以百里挑一的天才总是有着很多缺点。人不应随便否定自己,因为大家都赞同的观点有时并不一定正确。

05 你的缺点无法隐藏

不要试图用华丽的语言来掩盖你丑陋的缺点,你应该做的其实是坦白。

1928年,沈从文二十六岁,由北京来到了上海。

时任中国公学校长的胡适早就听说过沈从文,被他一手灵气飘逸的散文所折服,于是便聘请他为该校讲师。然而,沈从文只有小学文化,名气可不等于胆气。

这是沈从文第一次登台授课。慕名前来听课的人很多,面对一双双渴望知识的眼睛,沈从文紧张得连一句话也说不出来,足足僵化了10分钟。过了好一会儿,他终于鼓起勇气开口讲课了。但还是由于过分紧张，原本准备要讲一个课时的内容，竟被他急促地用了10分钟讲完了。

课讲完了，离下课的时间还远着呢，他再次陷入了窘迫。然而，他并没有找借口来死撑面子，而是老老实实地拿起粉笔在黑板上写下这样一行字："我第一次上课，见你们人多，怕了。"

沈从文此举引来了学生的纷纷议论，并很快传到了胡适耳里。胡适笑着说："上课讲不出话，学生不轰他，这就是成功。"

后来，沈从文慢慢克服了讲课怯场的缺点，终于能使自己在课堂上挥洒自如了。

> 心灵人生

人类最大的悲哀是无法正确定位自己，有人自视甚高，有人自惭形秽，这都是人性的危险的极端。每个人都有缺点，我们不应该也没理由为此自卑。如果不敢正视自己的缺点，那便永远也无法提高自我。万事开头难，即使是最有天赋的人也未必能在一开始就做得好。

06 短物亦有所长

缺点能转化为优点，有时为了完善自己，甚至还要制造缺点。

一位少年剑客想成为一名一流的高手，但找不到练剑的窍门，便去请教一位武林高手。

卷七
缺陷造就了完美的你
CHAPTER SEVEN

"前辈，您练就了一身非凡武艺，是否有什么窍门呢？"少年剑客恭敬地问道。

"要是不依靠武林秘籍，光从练剑的方法上来说，确实是有秘诀的。"高手捋须答道。

"可否向晚辈透露一二？"

高手笑着点点头，从书房里拿出了一把只有一尺来长的剑，正色道："自从我用了这把剑以来，我的剑术便大有长进。"

"剑一般都是三尺三寸长，您的剑为什么只有一尺长呢？"少年剑客大惑不解，"江湖人说，剑短一分则险增三分。拿着这么一把短剑无疑让人处于劣势，怎能靠它驰骋江湖呢？"

"常人都这么想，所以常人只能是常人。"高手哈哈笑了两声道，"制敌取胜本不在剑，而在剑术。因为剑短使我处于劣势，所以我会时刻提醒自己勤练剑术，以剑术之长补剑之短。这样一来，我的剑术便日益精进了。"

"啊，原来如此！"少年剑客恍然大悟，"所以前辈就因此成为了武林泰斗。"

"小兄弟，你过奖了，我离泰斗还远着呢！"高手摇摇头，叹了口气道，"真正的泰斗已然无需用剑，他已达到人剑合一的境界，即使是草木落叶也能顺手伤人。"

少年剑客听得呆了，眼前似乎出现了一个他从未见过的武术境界。

> **心灵人生**
>
> 人都容易有恃无恐,如果手里握着一根救命稻草的话,走起路来自然就大胆了点。其实,人的潜能一般都要在"破釜沉舟"的形势下才能更好地发挥出来。人们所谓的缺点并非一无是处,因为只要有了缺点我们才会去改正。塑造自我和提升自我是一个永无止境的过程。

07 不必让所有人都喜欢你

每个人都是一道风景,你不需要得到所有人的赞赏,只要有一个懂得欣赏你的人就够了。

有一个年轻小伙子,因为说话太过温柔细声,人们都说他是"娘娘腔"。小伙子认为"娘娘腔"是对他人格的侮辱,发誓要摆脱这个绰号。

于是,小伙子开始学着大声说话,大碗喝酒,大块吃肉,衣服也常常不换洗。小伙子觉得自己此时很有男子汉气概,人们也确实不再叫他"娘娘腔"了,但却以"粗鲁"、"野蛮"等词来形容他。

"我可不喜欢这样的评价!"小伙子于是又开始根据人们的看法来改变自己。

此后,一旦人们对他有反面的评价,他都要刻意去改变自己,这样的改变终于让他疲惫不堪。无奈之下,他只好去向一位智者求教。

卷七 缺陷造就了完美的你 CHAPTER SEVEN

"为什么我总是达不到他人的要求？我到底应该怎么做？"小伙子向智者哭诉道。

"你知道河水与井水为什么常常是清澈的吗？"智者笑了笑，不仅不回答小伙子的问题，还如此反问道。

小伙子茫然地摇摇头。

"河水之所以常清，是因为它不停地流动，有源头便有活水；井水之所以常清，是因为它不流动，所以即使有灰尘和沙子落入其中，也能被沉淀于井底。"智者解释说。

"您的意思是让我像河水与井水一样？"小伙子疑惑不解。

"看来你还不算笨。"智者笑道，"人应该像河水，不停地奔流，不停地改变自己，这点你倒是做得不错；人更应该像井水，不管井外的世界多么纷扰也能够耐得下心、沉得住气，保持内心水源的清澈。"

"我明白了，"小伙子恍然大悟，"我应该做一口井！"

心灵人生

世界上从来就没有完美的人，多的是人们挑剔的眼光。不管你怎么努力，永远也无法得到所有人的欣赏，因为总有人会不喜欢你。实际上，你真的需要得到所有人的喜欢吗？人都有缺点，人也不必完美，只要你坚持的是正确的，那就应该沉下心来继续坚持下去。

08 愚蠢一点又何妨

如果聪明是杯烈酒，那么愚蠢便是杯清茶，它平易近人，远没有聪明来得咄咄逼人。

传说每个人在出生时，上帝都要送给他两份礼物，一份是聪明，一份是愚蠢。

有个叫伊莎贝尔的女孩，在收到这两份礼物的时候，二话不说就把愚蠢扔进了垃圾桶里。上帝知道后就严肃地对她说："作为一个完整的人，你必须拥有愚蠢！"

"愚蠢有什么好？"伊莎贝尔不屑地说，"我只要聪明，不要愚蠢！"

"好吧，既然你执意要把愚蠢扔掉，那我也不勉强你，你日后可别后悔就是了。"上帝说完就走了。

只拥有聪明的伊莎贝尔从小就聪明过人，拥有超强的记忆力，思维比任何人都要敏捷。长大后的伊莎贝尔可以说是聪明绝顶了，无论在多么复杂的环境里，她都能让自己成为赢家，其他人都只能是失败者。

那些曾经与她共事的人，都被她的聪明比下去了，人人都带着失败和沮丧而归。渐渐地，没人愿意和她共事了，因为与她相比，即使原本很聪明的人也会变得十分愚蠢，没有一点施展才华的机会。

后来，伊莎贝尔到了结婚的年龄了，但没有哪个男人敢娶她。

卷七
缺陷造就了完美的你　　CHAPTER SEVEN

没有友情和爱情的伊莎贝尔终于醒悟过来了，她跪求上帝把愚蠢给她。

"太迟了，"上帝说，"你聪明的头脑已经塞不进一丝愚蠢了。"

心灵人生

世界上没有完美的人，如果有，那他也会因为过分完美而变得不完整。人之所以为人，是因为人有着各种优点，同时又有着各种缺点。我们常把"难得糊涂"挂在嘴边，这确实是一种难得的智慧。真正的聪明从来都不排斥愚蠢，反而会主动向愚蠢靠近，这就是"大智若愚"。

09 你不必羡慕任何人

如果你因为自己不够优秀而自卑，那么所有人都该自卑，因为世界上没有最优秀的人。

从前，有一种叫夔的动物，长得像牛，只有一只脚，走起路来一跳一跳的。夔很羡慕另一种动物，叫炫，有很多脚，可以跑得很快。炫也有自己羡慕的动物，那就是蛇，因为蛇没有脚也走得很快。

有一天，夔、炫、蛇遇到了一起，它们自由自在地攀谈起来。

夔对炫说："我只有一只脚，要跳着走路，你有这么多只脚，那要怎么走呢？"

CHAPTER SEVEN | 人生不必太计较
别再为小事抓狂

炫回答说:"我怎么走自己说不出来,但我确实比你走得快。"

炫接着问蛇:"我用这么多只脚走路,却不如你没有脚走得快,这是为什么呢?"

蛇回答说:"我是靠腹部的鳞片摩擦地面来走路的,至于为什么能走得这么快,我也不知道为什么。有时候我很庆幸自己没有脚,因为我能逮住有脚的动物。"

夔和炫知道蛇没脚也能走得这么快,都惭愧地低下了头,蛇因此显得极为得意。

这时,忽然刮来了一阵风,夔、炫和蛇都被吓呆了。蛇战战兢兢地问风:"你来无影去无踪,既无脚也无翅膀,为什么能走得这么快呢?"

风回答说:"我确实走得很快,不过我也有苦处。在我行进的途中,有人用手指挡住我,我无法吹断人的手指;有人用脚踩着我走路,我也不能把他的脚吹断。虽然如此,刮倒大树、吹飞房屋却只有我才能办得到!"

夔、炫、蛇这三只动物听到了风的话,震惊得目瞪口呆。

心灵人生

每个人都有自己独一无二的优点,但我们并不知道它们是怎么来的。每个人也有自己的缺点,这些缺点常常难以避免。上帝是公平的,他把缺点给了我们的同时,也给了我们优点。人外有人,天外有天,我们以为自己的某些优点已经很突出了,但比我们突出的大有人在。

卷七　缺陷造就了完美的你

10 你是一朵美丽的花

被取笑的人生都是一朵未开放的花,你要做的是耐心等待属于你的季节的到来。

1955年,一个叫罗温·艾金森的英国小男孩出生了。

艾金森从出生那天起就注定是被嘲笑的对象。他长得憨头憨脑,举止笨拙而幼稚,同学们一见他这副模样就想戏弄他,就连老师都不愿意给他上课。艾金森在诗歌欣赏课上朗读诗歌时,他滑稽的表情总会让同学们大笑不止,令课堂无法继续进行下去。

同学和老师们不喜欢他还说得过去,但就连他的父亲都觉得他脑子有问题,很少和他说话。懂得欣赏他的,只有母亲而已。

母亲是个花匠,她把艾金森带到花园里,指着各种各样的花草说:"每种花都有开放的机会,那些还没开放的,不过是季节未到而已。艾金森,你要学会耐心地等待你的季节的到来,到时你一定会绽放出人生的美丽之花的。"

之前一直自卑得只懂躲在房间里喝闷酒的艾金森,在得到母亲的肯定后,终于能够充满自信地站起来了。

"既然人们见到我的模样就想笑,那我能不能表演喜剧呢?"艾金森有了这个想法之后,开始有意识地参加节目表演。

CHAPTER SEVEN 人生不必太计较
别再为小事抓狂

大学毕业后，艾金森与一个搭档出演了类似中国相声的节目，竟出奇地成功。1979年，他为英国独立电视台出演了一部情景喜剧，叫《罐头笑料》。之后，他在朋友的喜剧节目《非9点新闻》中出演角色，开始走上了喜剧演员之路。

1990年元旦，艾金森在电视喜剧《憨豆先生》中出演主角"憨豆先生"，这让他的人生彻底地开花了。

如今，这个穿戴整齐，头脑简单，一闯祸就落荒而逃的"憨豆先生"已经傻乎乎地红遍了全世界。

心灵人生

上帝辛苦地把我们创造出来，并不是为了让我们成为被取笑的对象，而是让我们实现自我价值。每个人身上有缺点的同时又拥有无限的潜能。你想开发自己的潜能，先要学会接受自己的缺点。如果你此时还是一个被他人取笑的对象，那么你就要好好地努力，耐心地等待。

11 认识你自己

不相信自己的眼睛所见，那是自欺；不相信他人的眼睛所见，那是欺人。

从前，有个男子认为自己是天底下最英俊的人，没人能够和他相比。难道他没照过镜子吗？他当然照过镜子的，但他认为镜子里的一切都是虚幻的，那不是真实的自己。难道别人不会提醒他吗？别人当然也提醒过他，说他模样长得很一般，但他认为这是人们妒忌他的表现。

由此一来，这个男子便无法看见真实的自己。

爱与美之神维纳斯很同情这个男子，想帮他正确认识自己，便特别关照他。无论男子走到什么地方，在他面前常常会有镜子出现。男子的家里有镜子，街上的店铺也有，路上来往的年轻人的口袋里装着镜子，甚至妇女的腰带上也系着镜子。

男子一次又一次地从镜子里看到自己，他很纳闷，为什么都是同一张面孔，难道这真的是自己的样子吗？男子差点就崩溃了，因为镜子里的自己实在说不上英俊，甚至还有点丑。"那不是真实的自己，一定是谁在捉弄我！"男子自欺欺人地想。

为了逃避世人的捉弄，他只好躲藏在最隐秘的地方，再也不敢随便出来了。

在他藏身之处的附近有一条小溪，他到小溪边喝水洗脸的时候，透过清澈的溪水，又看到了自己那张有点丑的面孔。

"天呐，到底是谁有这么大的本事，竟然能在溪水中做手脚！"他惊恐地大叫，一时飞奔起来，想要尽量远地避开这条小溪。

躲开了小溪后，他面前出现了湖泊，他又拼命地奔跑；接着出现了大海，这时他再也跑不动了，最后累死在沙滩上。

女神维纳斯对男子的死很难过，她于是如此警告世人说："认识你自己。"

> **心灵人生**
>
> 我们每天从镜子中看到的自己，他人口中描述的自己，其实还真不一定就是真实的自己。镜子中的自己，那不过是一个轻浮的外表；他人口中的自己，或已被过誉，或已被诋损，也不一定是真实的自己。认识自己虽然不容易，但依然可以做到，只要你足够虚心与诚恳。

12 你已经很完美了

与其盲目而辛苦地追求完美，还不如接受此时已经足够完美的自己。

古时候，有个猎人得到朋友赠送的一张弓。

此弓的弓背由黑檀木制作而成，弓弦由鲨鱼筋紧绷而成，射出的箭又远又准。猎人十分爱惜这张弓，常常拿在手里把玩。

有一天，猎人细细把玩手中的弓时，突然觉得这张弓上好像缺了点什么，看起来有些单调、暗淡。"这已是一张好弓，只是外形不甚突出，如果在上面雕上鸟兽虫鱼，岂不绝好？"猎人如此思忖，很快便把弓送到一个技艺高超的工匠那里。

"此弓长短粗细恰到好处，真的要在上面雕刻花纹吗？"工匠细看了下这张弓后问。

"没错，你只管雕刻就行了。"猎人答道。

两个月过后，工匠在弓上面雕刻了一幅堪称完美的行猎图。猎人高兴极了："还有什么比一幅行猎图更适合这张弓，更适合我呢？"他拿过自己心爱的弓，不住地赞叹道。

猎人拿了弓，背上箭，高兴地去打猎了。

不多时，猎人面前窜出了一只野兔，他迅速地架箭于弦，没想到只稍微一发力，那张绝美的弓便"啪"的一声断成了两截……

心灵人生

世界上没有绝对完美的事物，或者说，现存的事物已经很完美了。很多人都会通过努力来改正自己的缺点，这无疑是好事，但人们根本无法正视自己的缺点。其实你已经很不错了，如果一定要让自己变得绝对完美的话，你必定会为此付出更大的代价，有时这个代价甚至是无法补偿的。

13 请爱这样的自己

别问我是谁，如果你一定要问，我会告诉你，我就是我，是颜色不一样的烟火。

动物界的几乎所有动物都认为青蛙是一种很奇怪的动物，它们无法给"青蛙是什么"下一个明确的定义。于是，一些动物决定召开一次学术讨论会，研究青蛙的属性问题。参加会议的动物有鲤鱼、乌龟、公鸡和老鼠。

公鸡首先发言:"青蛙虽然不像我们公鸡一样有着漂亮的羽毛和鲜红的冠子,更没有坚硬的喙,可是它却拥有很好的嗓子,其唱歌的本事估计不在我之下。所以我觉得青蛙应该和我们是同类,是个歌唱家。"

乌龟不同意公鸡的看法,乌龟说:"青蛙怎么会和你们是同类呢,你没发现它既能在陆地生活,又能在水下生活吗?青蛙是两栖动物,很明显和我们乌龟是同类嘛!"

"不对,你们乌龟虽然能在水里游,但游得慢吞吞的,没比在陆地上快多少。"鲤鱼反驳乌龟说,"但青蛙不一样,青蛙能在水中游得很快,和我们鲤鱼有得一比。所以我认为,青蛙和我们鲤鱼是同类,是游泳能手。"

"简直一派胡言!"老鼠扯着尖锐的嗓子大声说,"我们老鼠爱在夜晚出来觅食,青蛙也喜欢在夜晚出来捕捉虫子,所以青蛙和我们老鼠才是同类呢!"

正在大家讨论得不可开交时,一只青蛙"呱呱"叫着跳了出来,来到大家面前,大家都想听听青蛙自己怎么说。

"呱呱,"青蛙清了清嗓子,"我嘛,我就是青蛙,青蛙就是我!"

心灵人生

我们到底是一个什么样的人,只有我们自己知道。开始时我们并不知道自己是谁,我们都活在别人的要求里,别人认为我们是什么样子,我们就刻意地去让自己变成那个样子。到后来我们才慢慢发现，其实我们真正要成为的，不是别人眼中的自己，而是内心的那个自己。

14 承认自己，接受自己

没有人生来就是坏人，如果你不够善良，那就赠别人一朵玫瑰吧。

有个青年觉得自己是个坏人，因为他心里经常会有一些邪恶的念头产生。他虽然知道这样不好，但却无法改变自己。无奈之下，他只好去请教思想家苏格拉底。

"孩子，你敢于坦率地道出这些，就证明你不是一个邪恶的人。"苏格拉底说，"其实，世界上大多数人都不会是极善良或是极邪恶的，而是介于善良和邪恶之间。"

听了苏格拉底这样说，青年很兴奋："那么我是一个正常的人？"

"我只是说你不是一个邪恶的人。"苏格拉底说，"不过，你可以努力成为一个善良的人。"

"那善良有些什么特征呢？"青年有点泄气。

"如果你对他人温和有礼，那么你就是一个善良的人；如果你对他人的痛苦有同情之心，那么你也是一个善良的人；如果你能原谅他人的冒犯，那么你的心灵就超越了一切伤害，是善中之善。"苏格拉底回答说。

青年虽然无法完全理解苏格拉底的话，但他略有所悟。

一个雨天，青年在街上看到了一辆装满西红柿的车子翻倒了，拉车的老人正趴在街上手忙脚乱地拣。

"嘿嘿，我何不过去把这些西红柿当球踢呢？"一个邪恶的想法浮现出青年的心头。"不，我不能这样做！"另一个想法跟着浮现，"我应该过去帮他拣起西红柿。"庆幸的是，第二个想法战胜了第一个想法，青年走过去弯下腰，帮老人收拢四处乱滚的西红柿。

"孩子，谢谢你，"老人对青年鞠躬致谢，"俗话说一弯腰是人，二弯腰是天使，三弯腰是神。孩子，上帝会保佑你的！"

青年没想到自己只是弯了一下腰便得到如此热情的赞美，他为此幸福了好久好久，也终于理解了苏格拉底对他说的那番话。

心灵人生

有人说人之初性本善，也有人说人性都是自私的。其实，人之初既无善也无恶，善恶的价值取向是后天才获得的。人类之所以向善，是因为善能带给我们更美好的生活，是因为善体现了人权。不要觉得自己坏就破罐子破摔，只要你做出一丝善举，你就能得到无数赞美。

15 人因缺陷而完美

> 人之所以为人，是因为人身上有着各种缺点，正是这些缺点成就了真正的人。

超市里新购进了一批高档杯子，款式新颖、色彩匀称，超市经理相信它们一定能热卖。

顾客们走进超市，看到这么漂亮的杯子都非常惊喜，当拿到手仔细看了之后，都失望地摇摇头，放下杯子移步他处。这种现象一直持续了好几个月，几乎每个顾客都是如此，经理对此百思不得其解。

有一天，一个女顾客走到了这些杯子前，高兴地拿起来看了之后，很快就失望地放下了。经理见此，连忙走上前去，微笑着问："您不喜欢这杯子吗，还是说这杯子有什么问题？"

"这杯子整体看上去非常漂亮，我非常喜欢。"女顾客说，"但是在盖子上有一个小瑕疵，每个杯子都有，难道你没有发现吗？"

经理拿起一只杯盖，发现上面有一处花纹和其余的很不协调，确实不大好看。

"怎样才能让这批杯子顺利销售出去呢？"经理想。

第二天，超市经理派人把这批杯子上的盖子全部取走，只把杯子留在柜台上，依旧按原价出售。

十天之后，这批杯子奇迹般地被抢销一空。

超市的服务员们对此感到十分奇怪，就问经理原因。经理说：

"这批杯子不管是做工还是设计都堪称完美，只因为它们的盖子上有小瑕疵，所以顾客们不想买。其实现实生活中我们很少会用到杯盖，于是我便让你们把杯盖取走。如此一来，杯子便彻底完美了，顾客们自然也就买得毫无顾忌了。"

心灵人生

世界上虽然没有完美的事物，但我们都在执着地追求着。我们无法容忍缺陷的存在，常常会因为身上的一些小缺点而变得烦恼，甚至否定自己的所有优点。所谓接受自己，不仅要接受自己的优点，还要坦然接受自己的缺点，不要因为一叶障目而不见泰山。

16 给胆小一个勇敢的机会

有的人之所以卑怯，是因为他把勇敢埋在了内心的最深处，默默等待一个爆发的时机。

有个男孩因为性格内向、胆小怕事而经常被同伴们嘲笑，为了使自己变得勇敢，他应征入伍。

原以为新的环境能给自己的境遇带来改观，没想到真的应了"江山

卷七 缺陷造就了完美的你 CHAPTER SEVEN

易改，本性难移"的老话，男孩还是再次沦为队友们嘲笑的对象。

有一天，男孩因病未能出操，训练照常进行。

在训练场上，教官忽然把一枚手榴弹往新兵队伍中掷去，新兵们大惊失色，个个连滚带爬地四下逃散。教官见到新兵们如此胆小怕事，气愤地说："这只是一枚不会爆炸的手榴弹，我这样做是想测试你们的心理素质。记住了，在突发事件面前保持镇定和勇敢是非常重要的素质！"

第二天，男孩和队友们一起出现在训练场上。教官想把昨天掷手榴弹的事情故伎重演一番，叫新兵们不要作声。就在教官把手榴弹扔向新兵们时，男孩连想都没想，就奋不顾身地扑了上去，用身体把手榴弹压在身下，大声叫道："快闪开！快闪开！"

大家见到这一幕都惊呆了，谁也没想到平时胆小怕事的男孩居然会以牺牲自己的性命为代价，来换取队友们的性命！

过了一会儿，男孩发现手榴弹并未爆炸，他这才明白是怎么一回事——又是一个捉弄！

就在他羞愧地低着头等待队友们的嘲笑时，却听到了一股雷鸣般的掌声。男孩哭了，这是他长这么大以来，第一次听到别人给他的掌声。

心灵人生

胆小并非一定就是缺点，因为胆小的人更谨慎，而谨慎是一种难得的品质。如果胆小如鼠，那就真的是一种必须要改的缺点了。要改变自己，首先要接受自己的缺点。如果有可以依赖的力量，应该尽量利用上，因为仅靠自己的力量去改变自己，这毕竟是有点难度的。

17 把自信挂在脸上

当一个人不因为自己的矮小身材而自卑时，他的内心就已经变得很高大了。

罗慕洛是菲律宾著名的外交家，先后服务过八位菲律宾总统。除了卓著的外交成就外，他矮小的身材同样引人注目。

罗慕洛机智过人、能言善辩，上大学时参加了演讲比赛，并成功通过了初赛。由于他身材矮小，同学们常常嘲笑他。对于演讲比赛这样的活动，同学们当然不会放过嘲笑他的机会。

当罗慕洛信心满满地走上舞台时，却发现演讲台竟和自己差不多高。

原来，有个同学和罗慕洛一起参加初赛，却被伶牙俐齿的罗慕洛淘汰出局。这位同学怀恨在心，便通过关系特意找来了一张超高的演讲台，好让罗慕洛出丑。

台下的观众见罗慕洛竟然比演讲台还矮，一时哄笑声四起。然而，罗慕洛环顾了一下四周，不慌不忙地走向观众席，朝最前排的一位观众深深地一鞠躬，恳切道："这位同学，我能否借你的椅子一用？"这位同学虽然感到奇怪，但还是爽快地答应了。

罗慕洛把椅子搬到演讲台前，然后站在椅子上从容地演讲。罗慕洛刚开口讲了几句话,台下便顿时鸦雀无声,因为大家都被他铿锵有力、掷地有声的演讲深深地折服了。

后来,罗慕洛凭借着自己演讲和思辨才华成为了外交部长,代表菲律宾一次又一次地出现在国际舞台上。

心灵人生

人总是难以完美,不管是内心还是外表。人们因为过分关注自己的外表而忽略了自己的内心,逐渐使内心变得十分脆弱,自卑便借机蔓延。一个事实是,我们的外表是难以改变的,相对容易改变的是我们的内心。所谓相由心生,拒绝丑陋的最好方法是让自信与从容挂在我们的脸上。

18 做一只未满的杯子

人生道路从来都是宽广的,如果你觉得狭窄难行,那是因为你还未懂得谦让。

有个一心想在丹青上有所造诣的年轻人前来求拜有"画圣"之称的大师,想让大师收他为徒,教他绘画的技艺。

"年轻人,你为什么要拜我为师?"大师问。

"我走南闯北几十年,从未找到有资格当我老师的人。我听说您是世界上少有的大家,有'画圣'之称,如果能拜入您的门下,定能助我在丹青上成就一番事业！"年轻人回答说。

"世人都过奖了，'画圣'的名号我愧不敢当啊。"大师笑着说，"既然那么多人都没资格当你老师，想来我也是没资格的了。"

"大师不必谦虚，我既然想拜入您门下，就证明我的眼光没错。"

"哦，是吗？"大师笑了笑说，"这么说你对自己的绘画功力颇有自信啰？"

"没错！"

"我平时喜欢喝茶，既然你想拜我为师，不如你就为我画一只茶杯和一只茶壶吧？"

年轻人调了一砚浓墨，铺开宣纸，寥寥数笔便画出了造型古朴的水壶和茶杯，那水壶的壶嘴正徐徐地往茶杯吐出一脉茶水来。

"大师，这幅画您觉得满意吗？"年轻人放下画笔问道。

大师微笑着摇摇头，说："画得确实不错，但你把茶壶和茶杯的位置放错了，应该是茶杯在上茶壶在下才对！"

年轻人听了哈哈大笑："大师为何如此糊涂，哪有茶杯往茶壶注水的，茶杯从来都是在茶壶之下的啊！"

大师听后又是微微一笑："原来你懂这个道理啊！你渴望自己的茶杯能注入丹青高手的香茗，但你却把茶杯放得高高在上，香茗怎能注到你的茶杯里呢？江河涧谷只有把自己的位置放低，才能吸纳百川，形成汹涌之势啊！"

年轻人听出了大师的言外之音，愧疚地低下了头。

> **心灵人生**
>
> 所谓"三人行,必有我师",如果你没有找到可以向之学习的人,不是因为你技艺已经登峰造极,而是因为你还没学会谦虚,还没真正认识自己。人生而有差别,有的人能歌善舞,有的人心灵手巧,有的人口齿伶俐。每个人都有自己的优点,也有自己的缺点,谦虚的人总能取他人之长补己之短。

19 请放低你的位置

没有哪个成功人士在一开始就高高在上,他总要学着让自己一步一步地往上走。

对他来说,真正的机遇藏在外面的世界,而不在这条偏僻的渔村,甚至也不在那一望无际的大海。然而,一次又一次的碰壁之后,他只好暂时回到家乡。

父亲知道他为什么回来,但父亲并没多说什么,只是说"回来就好,明天早上和我出海打鱼吧!"

第二天一大早,父亲就把他叫醒了,然后一起驾着船驶向了大海。他已经记不得上次和父亲出海是什么时候了,好像是在读大学之前,又好像是在小时候,总之很久了。

天气很不错，海面上风平浪静。

第一网拉上来的时候，并没什么收获，只有小鱼和小虾，但父亲并不在意，看上去心情很愉快。见到父亲心情这么好，他却忽然很难受，终于向父亲说出了心里话："爸，对不起，我工作了这么久都没让你们过上好生活。"

"我们都没怪过你，"父亲说，"你有自己的理想，就努力实现它好了，我和你妈怎样都行。"

"但我一直想让你们过得好点。"

"我们现在挺好的啊！儿子，我当了一辈子的渔夫，也算是明白了一个道理。其实打多少鱼不是最重要的，关键是不要每次都空手而归，只要每天都在进步就行。"

他不知道该对父亲说什么，只是遥望着无边无际的大海。

"你知道大海为什么这么宽广吗？"父亲见他望着大海出了神便这样问道。

他摇摇头，等待着父亲往下说。

"大海之所以这么宽广，之所以能装这么多水，是因为它的位置足够低。"父亲说，"你在外面拼搏，一定要经受很多磨难，但只要你每一次不计得失，每一次都能放低自己的身份，你总能做出成绩来。"

"相信我，"父亲补充道，"我是看着你长大的，你在我心中一直都不比别人差。"

他红着眼眶点点头。

卷七 | CHAPTER SEVEN
缺陷造就了完美的你

心灵人生

因为我们还年轻,还未看过多少风景,所以世界常常不是我们所想象的样子。我们怀着理想信心满满地往前冲,却没想到遭遇了各种挫折,我们于是开始彷徨甚至绝望。其实,这个世界还是我们想象中的那个样子,不同的是,我们把自己的位置放得太高了。